P

유아 **6-7**세

하루 **10**분, 계산력이 강해진다!

날마다 10분 계산력

애플비

applebeebooks

KB133677

권별 목차 한눈에 보기

● 〈날마다 10분 계산력〉은 취학 전 유아부터 초등학교 3학년 과정까지 연계하여 공부할 수 있는 계산력 집중 강화 훈련 프로그램이에요.

● 계산의 개념을 익히기 시작하는 취학 전 아동부터(K단계, P단계) 반복적인 계산 훈련이 집중적으로 필요한 초등학교 1~3학년까지(A단계, B단계, C단계) 모두 5단계로, 각 단계별 4권씩 총 20권으로 구성되어 있어요.

● 한 권에는 하루에 한 장씩 총 8주(2달) 분량의 학습 내용이 담겨 있으며, 학기별로 2권씩, 1년 동안 총 4권으로 하나의 단계를 완성할 수 있어요.

● 각 단계들은 앞 단계와 뒷 단계의 학습 내용과 자연스럽게 이어져, 하나의 단계를 완성한 뒤에는 바로 뒤의 단계로 이어 학습하면 돼요.

● 각 단계별로 권장 연령이 표기되어 있기는 하지만, 그보다는 자신의 수준에 맞추는 것이 중요해요. 권별 목차의 내용을 보고, 수준에 알맞은 단계를 찾아 시작해 보세요.

이렇게 구성되었어요!

9단계~16단계까지, 총 8단계로 구성되어요.
한 권은 8주(2달) 분량이에요.

공부한 날짜를 쓰고 시작하세요.
한 번에 많은 양을 공부하기보다는
날마다 꾸준히 공부하는 것이
계산력 향상에 도움이 돼요.

각 단계의 맨 첫 장에는
이번 단계에서 공부할 내용에 대한
개념 및 풀이 방법이 담겨 있어요.
문제를 풀기 전에
반드시 읽고 시작하세요.

9 단계

한 자리 수의 덧셈

이렇게 지도하세요

한 자리 수의 덧셈을 복습합니다. 이 단계에서는 수를 세로로 정렬한 덧셈을 경험해 봅니다. 덧셈과 뺄셈이 필요한 실생활의 다양한 상황을 통해 덧셈과 뺄셈의 필요성을 인지하고 학습할 수 있도록 해 주세요.

4 일차 한 자리 수의 덧셈

공부한 날짜 월 일

빈칸에 알맞은 수를 쓰세요.

3 일차 한 자리 수의 덧셈

공부한 날짜 월 일

□ 안에 알맞은 수를 쓰세요.

2 일차 한 자리 수의 덧셈

공부한 날짜 월 일

□ 안에 알맞은 수를 쓰세요.

1 일차 한 자리 수의 덧셈

공부한 날짜 월 일

동물의 수만큼 ○를 그리고, □ 안에 알맞은 수를 쓰세요.

$3 + 3 = \boxed{}$

$4 + 1 = \boxed{}$

$5 + 2 = \boxed{}$

□ 안에 알맞은 수를 쓰세요.

$5 + 3 = \boxed{}$

$6 + 3 = \boxed{}$

$7 + 2 = \boxed{}$

$6 + 2 = \boxed{}$

$7 + 1 = \boxed{}$

$8 + 1 = \boxed{}$

하나의 개념을 4일 동안 공부해요.
날마다 일정한 시간을 정해 두고,
하루에 한 장씩 공부하다 보면
계산 실력이 몰라보게 향상될 거예요.

계산 원리를 보여 주는 페이지와 계산 훈련 페이지를
함께 구성하여, 문제의 개념과 원리를 자연스럽게 이해하며
문제를 풀 수 있도록 했어요. 이는 반복 계산의 지루함을
줄여줄 뿐 아니라, 사고력과 응용력을 길러 주어
문장제 문제 풀이의 기초를 다질 수 있어요.

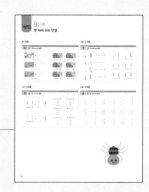

각 단계의 마지막 장에
문제의 정답이 담겨 있어요.
얼마나 잘 풀었는지
확인해 보세요.

권말에는 각 단계의 내용을 담은 실력 테스트가 있어요.
그동안 얼마나 열심히 공부했는지 나의 실력을 확인하고, 공부했던 내용을 복습해 보세요.

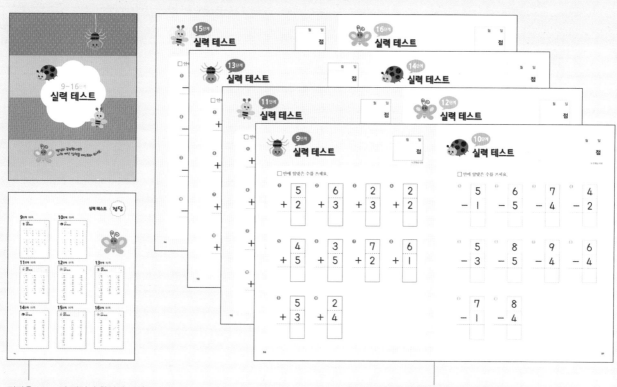

정답을 보고, 몇 점인지 확인해 보세요.

각 단계별 복습할 문항이 담겨 있어요.

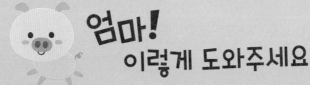

엄마!
이렇게 도와주세요

☝ '공부'가 아닌 '놀이'가 되게 해 주세요.

구슬, 블록 등 구체물을 이용하여 문제를 풀어 보도록 해 주세요.
공부도 놀이처럼 즐겁다는 생각을 가진 아이는 학습에 대한 호기심이 증가하여 집중력이 높아집니다.

✌ 규칙적인 시간과 학습량을 정해 계획적으로 학습할 수 있게 해 주세요.

날마다 일정한 시간을 정해 두고, 일정한 양을 학습하면 아이가 미리 스스로 해야 할 학습을
예측하고 계획하여 능동적으로 학습할 수 있게 됩니다.

🖐 문제 푸는 과정을 지켜 보세요.

문제를 풀게 하는 것보다 문제 푸는 과정을 지켜 보는 것이 더 중요합니다. 문제를 푸는 과정 속에서
아이가 어떤 부분이 부족한지, 어떤 방법으로 문제를 푸는지 등 다양한 정보를 얻을 수 있습니다.

P2 두 자리 수의 덧셈과 뺄셈
목차

9 단계

한 자리 수의 덧셈

이렇게 지도하세요

한 자리 수의 덧셈을 복습합니다. 이 단계에서는 수를 세로로 정렬한 덧셈을 경험해 봅니다. 덧셈과 뺄셈이 필요한 실생활의 다양한 상황을 통해 덧셈과 뺄셈의 필요성을 인지하고 학습할 수 있도록 해 주세요.

• 블록을 이용해 덧셈하기

➡ $2 + 5 = \boxed{7}$

• 연결큐브를 이용해 세로 형식으로 덧셈하기

$3 + 3 = \boxed{6}$

$$\begin{array}{r} 3 \\ + 3 \\ \hline \boxed{6} \end{array}$$

한 자리 수의 덧셈

동물의 수만큼 ○를 그리고, ☐ 안에 알맞은 수를 쓰세요.

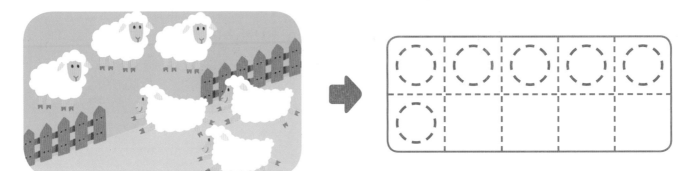

$$3 + 3 = \boxed{6}$$

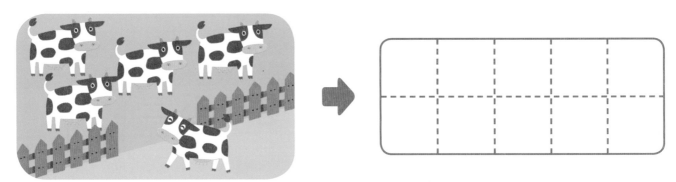

$$4 + 1 = \boxed{}$$

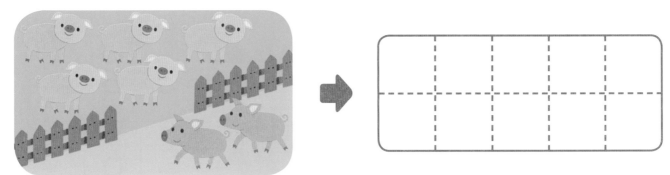

$$5 + 2 = \boxed{}$$

□ 안에 알맞은 수를 쓰세요.

5 + 3 = □

6 + 2 = □

6 + 3 = □

7 + 1 = □

7 + 2 = □

8 + 1 = □

2 일차

한 자리 수의 덧셈

□ 안에 알맞은 수를 쓰세요.

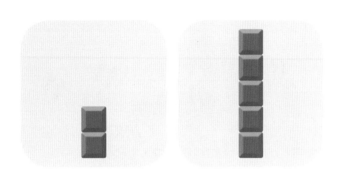

➡ 2 + 5 = $\boxed{7}$

➡ 3 + 4 = $\boxed{}$

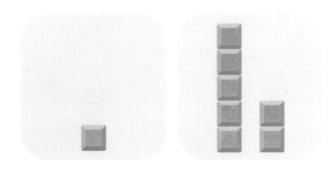

➡ 1 + 7 = $\boxed{}$

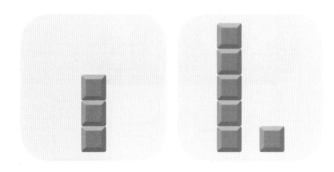

➡ 3 + 6 = $\boxed{}$

□ 안에 알맞은 수를 쓰세요.

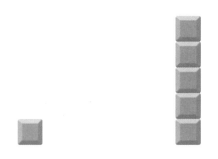

1 + 5 = □

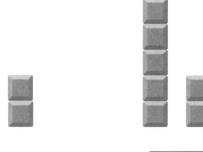

2 + 7 = □

3 + 3 = □

3 + 5 = □

4 + 4 = □

4 + 5 = □

한 자리 수의 덧셈

□ 안에 알맞은 수를 쓰세요.

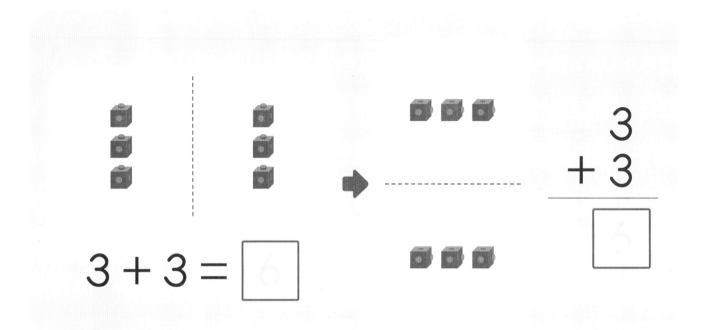

$$3 + 3 = \boxed{6}$$

$$\begin{array}{r} 3 \\ + 3 \\ \hline \boxed{6} \end{array}$$

$$4 + 3 = \boxed{}$$

$$\begin{array}{r} 4 \\ + 3 \\ \hline \boxed{} \end{array}$$

□ 안에 알맞은 수를 쓰세요.

$4 + 4 = \boxed{}$

$$\begin{array}{r} 4 \\ +\ 4 \\ \hline \boxed{} \end{array}$$

$2 + 6 = \boxed{}$

$$\begin{array}{r} 2 \\ +\ 6 \\ \hline \boxed{} \end{array}$$

$5 + 4 = \boxed{}$

$$\begin{array}{r} 5 \\ +\ 4 \\ \hline \boxed{} \end{array}$$

$3 + 1 = \boxed{}$

$$\begin{array}{r} 3 \\ +\ 1 \\ \hline \boxed{} \end{array}$$

$1 + 1 = \boxed{}$

$$\begin{array}{r} 1 \\ +\ 1 \\ \hline \boxed{} \end{array}$$

$3 + 2 = \boxed{}$

$$\begin{array}{r} 3 \\ +\ 2 \\ \hline \boxed{} \end{array}$$

4일차   한 자리 수의 덧셈

빈칸에 알맞은 수를 쓰세요.

$$\begin{array}{r} 1 \\ +\ 1 \\ \hline 2 \end{array}$$

$$\begin{array}{r} 3 \\ +\ 4 \\ \hline \end{array}$$

$$\begin{array}{r} 4 \\ +\ 5 \\ \hline \end{array}$$

$$\begin{array}{r} 5 \\ +\ 1 \\ \hline \end{array}$$

$$\begin{array}{r} 2 \\ +\ 5 \\ \hline \end{array}$$

$$\begin{array}{r} 5 \\ +\ 3 \\ \hline \end{array}$$

$$\begin{array}{r} 1 \\ +\ 2 \\ \hline \end{array}$$

$$\begin{array}{r} 2 \\ +\ 3 \\ \hline \end{array}$$

$$\begin{array}{r} 6 \\ +\ 2 \\ \hline \end{array}$$

빈칸에 알맞은 수를 쓰세요.

$$\begin{array}{r} 1 \\ + 3 \\ \hline \end{array}$$

$$\begin{array}{r} 2 \\ + 1 \\ \hline \end{array}$$

$$\begin{array}{r} 3 \\ + 2 \\ \hline \end{array}$$

$$\begin{array}{r} 5 \\ + 4 \\ \hline \end{array}$$

$$\begin{array}{r} 6 \\ + 1 \\ \hline \end{array}$$

$$\begin{array}{r} 7 \\ + 2 \\ \hline \end{array}$$

$$\begin{array}{r} 2 \\ + 2 \\ \hline \end{array}$$

$$\begin{array}{r} 4 \\ + 4 \\ \hline \end{array}$$

$$\begin{array}{r} 6 \\ + 3 \\ \hline \end{array}$$

정답 9단계
한 자리 수의 덧셈

8~9쪽

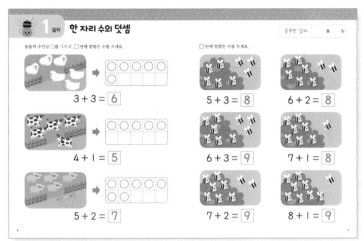

3 + 3 = 6
4 + 1 = 5
5 + 2 = 7

5 + 3 = 8   6 + 2 = 8
6 + 3 = 9   7 + 1 = 8
7 + 2 = 9   8 + 1 = 9

10~11쪽

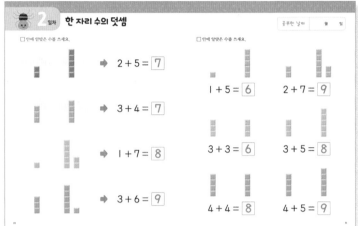

2 + 5 = 7
3 + 4 = 7
1 + 7 = 8
3 + 6 = 9

1 + 5 = 6   2 + 7 = 9
3 + 3 = 6   3 + 5 = 8
4 + 4 = 8   4 + 5 = 9

12~13쪽

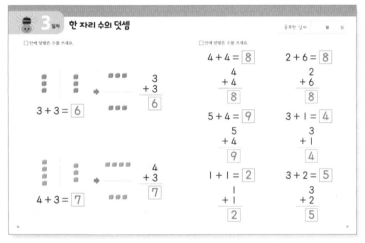

3 + 3 = 6

    3
  + 3
    6

4 + 3 = 7

    4
  + 3
    7

4 + 4 = 8   2 + 6 = 8
    4   2
  + 4   + 6
    8   8

5 + 4 = 9   3 + 1 = 4
    5   3
  + 4   + 1
    9   4

1 + 1 = 2   3 + 2 = 5
    1   3
  + 1   + 2
    2   5

14~15쪽

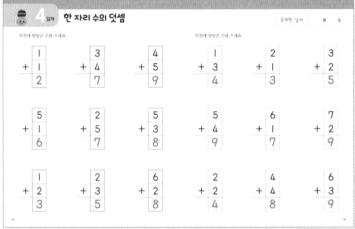

      1   3   4
    + 1   + 4   + 5
      2   7   9

      1   2   3
    + 3   + 1   + 2
      4   3   5

      5   2   5
    + 1   + 5   + 3
      6   7   8

      5   6   7
    + 4   + 1   + 2
      9   7   9

      1   2   6
    + 2   + 3   + 2
      3   5   8

      2   4   6
    + 2   + 4   + 3
      4   8   9

16

한 자리 수의 뺄셈

이렇게 지도하세요

한 자리 수의 뺄셈을 복습합니다. 이 단계에서는 수를 세로로 정렬한 뺄셈을 경험해 봅니다. 덧셈과 뺄셈이 필요한 실생활의 다양한 상황을 통해 덧셈과 뺄셈의 필요성을 인지하고 학습할 수 있도록 해 주세요.

• 블록을 이용해 뺄셈하기

$$6 - 1 = \boxed{5}$$

• 연결큐브를 이용해 세로 형식으로 뺄셈하기

$$5 - 3 = \boxed{2}$$

$$\begin{array}{r} 5 \\ -\ 3 \\ \hline \boxed{2} \end{array}$$

한 자리 수의 뺄셈

빼는 수만큼 /를 그리고, ☐ 안에 알맞은 수를 쓰세요.

$$5 - 3 = \boxed{2}$$

$$5 - 4 = \boxed{}$$

$$6 - 3 = \boxed{}$$

$$6 - 2 = \boxed{}$$

☐ 안에 알맞은 수를 쓰세요.

6 − 5 = ☐

7 − 4 = ☐

8 − 2 = ☐

8 − 3 = ☐

9 − 3 = ☐

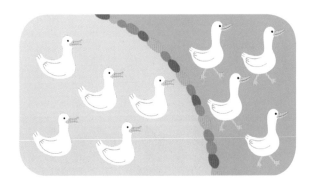

9 − 4 = ☐

한 자리 수의 뺄셈

□ 안에 알맞은 수를 쓰세요.

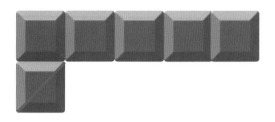

$$6 - 1 = \boxed{5}$$

$$6 - 3 = \boxed{}$$

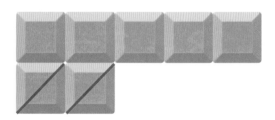

$$7 - 2 = \boxed{}$$

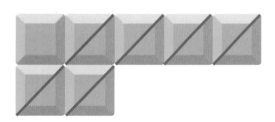

$$7 - 6 = \boxed{}$$

☐ 안에 알맞은 수를 쓰세요.

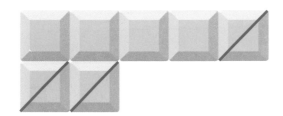

$$7 - 3 = \boxed{}$$

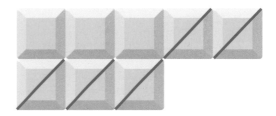

$$8 - 5 = \boxed{}$$

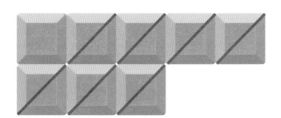

$$8 - 7 = \boxed{}$$

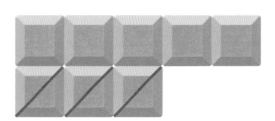

$$8 - 3 = \boxed{}$$

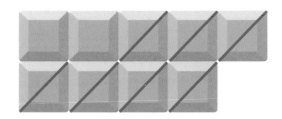

$$9 - 7 = \boxed{}$$

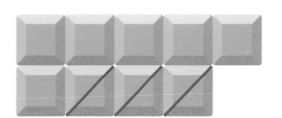

$$9 - 3 = \boxed{}$$

한 자리 수의 뺄셈

☐ 안에 알맞은 수를 쓰세요.

$$5 - 3 = \boxed{2}$$

$$\begin{array}{r} 5 \\ -3 \\ \hline \boxed{2} \end{array}$$

$$7 - 2 = \boxed{}$$

$$\begin{array}{r} 7 \\ -2 \\ \hline \boxed{} \end{array}$$

□ 안에 알맞은 수를 쓰세요.

$4 - 2 = \boxed{}$

$$\begin{array}{r} 4 \\ -\ 2 \\ \hline \boxed{} \end{array}$$

$5 - 2 = \boxed{}$

$$\begin{array}{r} 5 \\ -\ 2 \\ \hline \boxed{} \end{array}$$

$5 - 4 = \boxed{}$

$$\begin{array}{r} 5 \\ -\ 4 \\ \hline \boxed{} \end{array}$$

$7 - 1 = \boxed{}$

$$\begin{array}{r} 7 \\ -\ 1 \\ \hline \boxed{} \end{array}$$

$8 - 4 = \boxed{}$

$$\begin{array}{r} 8 \\ -\ 4 \\ \hline \boxed{} \end{array}$$

$6 - 5 = \boxed{}$

$$\begin{array}{r} 6 \\ -\ 5 \\ \hline \boxed{} \end{array}$$

한 자리 수의 뺄셈

빈칸에 알맞은 수를 쓰세요.

$$
\begin{array}{r}
6 \\
-\ 2 \\
\hline
4
\end{array}
\qquad
\begin{array}{r}
8 \\
-\ 4 \\
\hline
\end{array}
\qquad
\begin{array}{r}
9 \\
-\ 1 \\
\hline
\end{array}
$$

$$
\begin{array}{r}
7 \\
-\ 2 \\
\hline
\end{array}
\qquad
\begin{array}{r}
3 \\
-\ 2 \\
\hline
\end{array}
\qquad
\begin{array}{r}
8 \\
-\ 3 \\
\hline
\end{array}
$$

$$
\begin{array}{r}
6 \\
-\ 4 \\
\hline
\end{array}
\qquad
\begin{array}{r}
7 \\
-\ 6 \\
\hline
\end{array}
\qquad
\begin{array}{r}
4 \\
-\ 2 \\
\hline
\end{array}
$$

빈칸에 알맞은 수를 쓰세요.

$$- \begin{array}{r} 5 \\ 2 \\ \hline \end{array}$$

$$- \begin{array}{r} 4 \\ 1 \\ \hline \end{array}$$

$$- \begin{array}{r} 9 \\ 7 \\ \hline \end{array}$$

$$- \begin{array}{r} 8 \\ 2 \\ \hline \end{array}$$

$$- \begin{array}{r} 6 \\ 3 \\ \hline \end{array}$$

$$- \begin{array}{r} 7 \\ 3 \\ \hline \end{array}$$

$$- \begin{array}{r} 8 \\ 1 \\ \hline \end{array}$$

$$- \begin{array}{r} 9 \\ 6 \\ \hline \end{array}$$

$$- \begin{array}{r} 6 \\ 5 \\ \hline \end{array}$$

18~19쪽

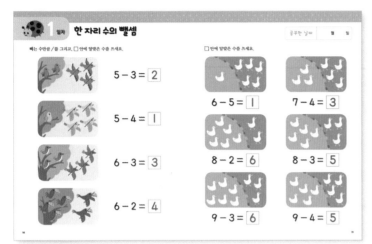

1일차 한 자리 수의 뺄셈

빼는 수만큼 /를 그리고, □ 안에 알맞은 수를 쓰세요.

$5 - 3 = 2$

$5 - 4 = 1$

$6 - 3 = 3$

$6 - 2 = 4$

□ 안에 알맞은 수를 쓰세요.

$6 - 5 = 1$ $7 - 4 = 3$

$8 - 2 = 6$ $8 - 3 = 5$

$9 - 3 = 6$ $9 - 4 = 5$

20~21쪽

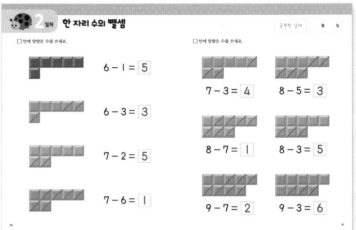

2일차 한 자리 수의 뺄셈

□ 안에 알맞은 수를 쓰세요.

$6 - 1 = 5$

$6 - 3 = 3$

$7 - 2 = 5$

$7 - 6 = 1$

□ 안에 알맞은 수를 쓰세요.

$7 - 3 = 4$ $8 - 5 = 3$

$8 - 7 = 1$ $8 - 3 = 5$

$9 - 7 = 2$ $9 - 3 = 6$

22~23쪽

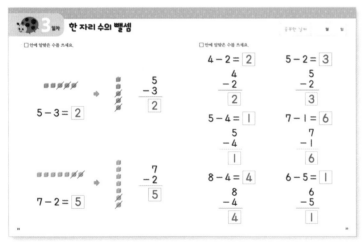

3일차 한 자리 수의 뺄셈

□ 안에 알맞은 수를 쓰세요.

$5 - 3 = 2$

$$\begin{array}{r} 5 \\ -3 \\ \hline 2 \end{array}$$

$7 - 2 = 5$

$$\begin{array}{r} 7 \\ -2 \\ \hline 5 \end{array}$$

□ 안에 알맞은 수를 쓰세요.

$4 - 2 = 2$
$$\begin{array}{r} 4 \\ -2 \\ \hline 2 \end{array}$$

$5 - 2 = 3$
$$\begin{array}{r} 5 \\ -2 \\ \hline 3 \end{array}$$

$5 - 4 = 1$
$$\begin{array}{r} 5 \\ -4 \\ \hline 1 \end{array}$$

$7 - 1 = 6$
$$\begin{array}{r} 7 \\ -1 \\ \hline 6 \end{array}$$

$8 - 4 = 4$
$$\begin{array}{r} 8 \\ -4 \\ \hline 4 \end{array}$$

$6 - 5 = 1$
$$\begin{array}{r} 6 \\ -5 \\ \hline 1 \end{array}$$

24~25쪽

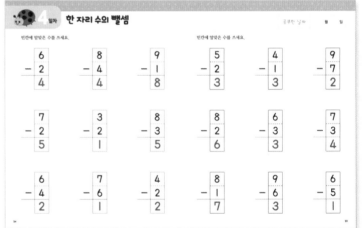

4일차 한 자리 수의 뺄셈

빈칸에 알맞은 수를 쓰세요.

$$\begin{array}{r} 6 \\ -2 \\ \hline 4 \end{array}$$
$$\begin{array}{r} 8 \\ -4 \\ \hline 4 \end{array}$$
$$\begin{array}{r} 9 \\ -1 \\ \hline 8 \end{array}$$

$$\begin{array}{r} 7 \\ -2 \\ \hline 5 \end{array}$$
$$\begin{array}{r} 3 \\ -2 \\ \hline 1 \end{array}$$
$$\begin{array}{r} 8 \\ -3 \\ \hline 5 \end{array}$$

$$\begin{array}{r} 6 \\ -4 \\ \hline 2 \end{array}$$
$$\begin{array}{r} 7 \\ -6 \\ \hline 1 \end{array}$$
$$\begin{array}{r} 4 \\ -2 \\ \hline 2 \end{array}$$

빈칸에 알맞은 수를 쓰세요.

$$\begin{array}{r} 5 \\ -2 \\ \hline 3 \end{array}$$
$$\begin{array}{r} 4 \\ -1 \\ \hline 3 \end{array}$$
$$\begin{array}{r} 9 \\ -7 \\ \hline 2 \end{array}$$

$$\begin{array}{r} 8 \\ -2 \\ \hline 6 \end{array}$$
$$\begin{array}{r} 6 \\ -3 \\ \hline 3 \end{array}$$
$$\begin{array}{r} 7 \\ -3 \\ \hline 4 \end{array}$$

$$\begin{array}{r} 8 \\ -1 \\ \hline 7 \end{array}$$
$$\begin{array}{r} 9 \\ -6 \\ \hline 3 \end{array}$$
$$\begin{array}{r} 6 \\ -5 \\ \hline 1 \end{array}$$

11 단계

두 자리 수의 덧셈 ①

이렇게 지도하세요

받아올림이 없는 (몇십)+(몇), (몇십 몇)+(몇)의 계산 원리를 익힙니다. 받아올림을 학습하기 전에 받아올림이 없는 두 자리 수의 덧셈을 익히는 과정에서 십의 자리와 일의 자리에 대한 자릿값 개념을 이해하고, 두 자리 수의 세로셈을 경험합니다.

- (몇십) + (몇) 덧셈하기

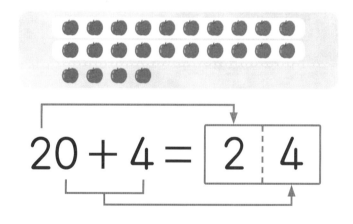

$$20 + 4 = \boxed{2 \mid 4}$$

- (몇십 몇) + (몇) 덧셈하기

$$21 + 4 = \boxed{2 \mid 5}$$

두 자리 수의 덧셈 ①

□ 안에 알맞은 수를 쓰세요.

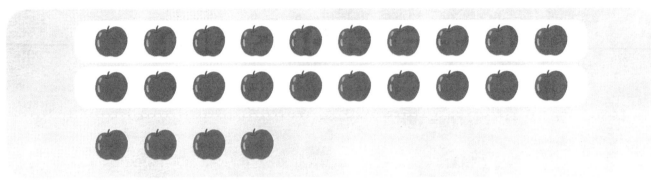

$$20 + 4 = \boxed{}$$

$$30 + 7 = \boxed{}$$

□ 안에 알맞은 수를 쓰세요.

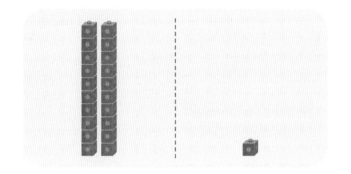

20 + 1 = □

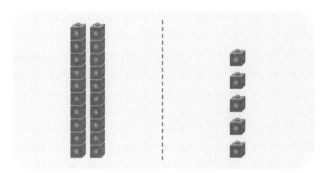

20 + 5 = □

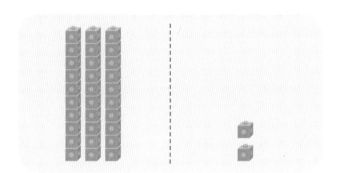

30 + 2 = □

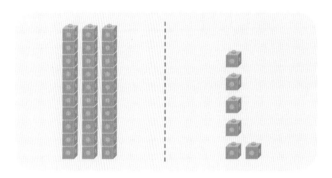

30 + 6 = □

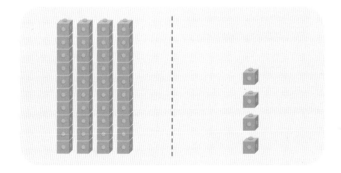

40 + 4 = □

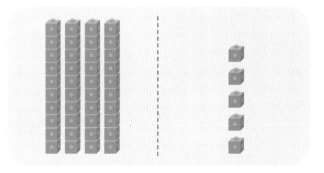

40 + 5 = □

두 자리 수의 덧셈 ①

□ 안에 알맞은 수를 쓰세요.

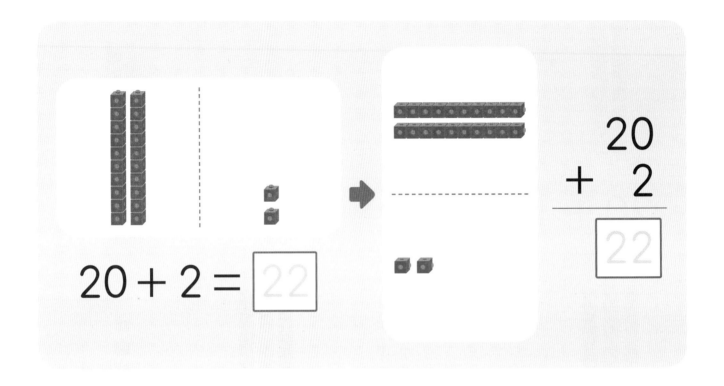

$20 + 2 = \boxed{22}$

$$\begin{array}{r} 20 \\ +\ 2 \\ \hline \boxed{22} \end{array}$$

$50 + 5 = \boxed{}$

$$\begin{array}{r} 50 \\ +\ 5 \\ \hline \boxed{} \end{array}$$

□ 안에 알맞은 수를 쓰세요.

$30 + 2 = \boxed{}$

$$\begin{array}{r} 30 \\ +2 \\ \hline \boxed{} \end{array}$$

$40 + 4 = \boxed{}$

$$\begin{array}{r} 40 \\ +4 \\ \hline \boxed{} \end{array}$$

$40 + 8 = \boxed{}$

$$\begin{array}{r} 40 \\ +8 \\ \hline \boxed{} \end{array}$$

$50 + 6 = \boxed{}$

$$\begin{array}{r} 50 \\ +6 \\ \hline \boxed{} \end{array}$$

$60 + 1 = \boxed{}$

$$\begin{array}{r} 60 \\ +1 \\ \hline \boxed{} \end{array}$$

$70 + 9 = \boxed{}$

$$\begin{array}{r} 70 \\ +9 \\ \hline \boxed{} \end{array}$$

두 자리 수의 덧셈 ①

☐ 안에 알맞은 수를 쓰세요.

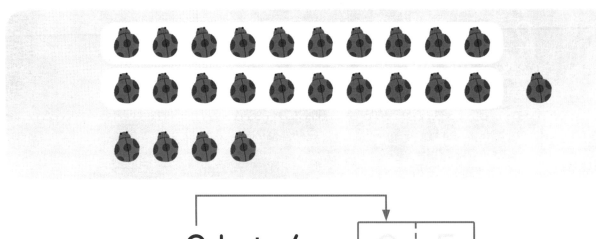

$$21 + 4 = \boxed{2 \mid 5}$$

$$33 + 5 = \boxed{ \mid }$$

□ 안에 알맞은 수를 쓰세요.

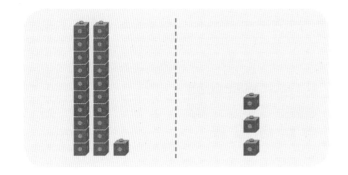

$21 + 3 =$ ☐

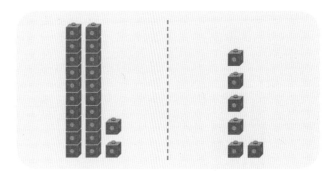

$22 + 6 =$ ☐

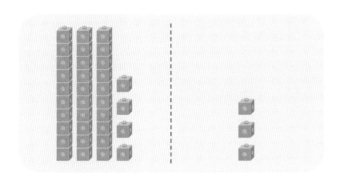

$34 + 3 =$ ☐

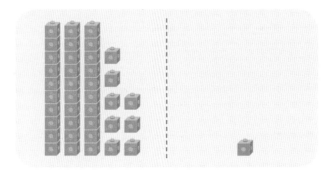

$38 + 1 =$ ☐

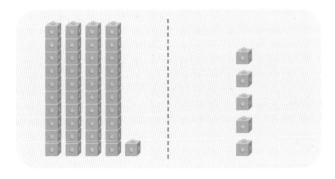

$41 + 5 =$ ☐

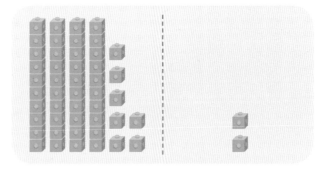

$47 + 2 =$ ☐

두 자리 수의 덧셈①

□ 안에 알맞은 수를 쓰세요.

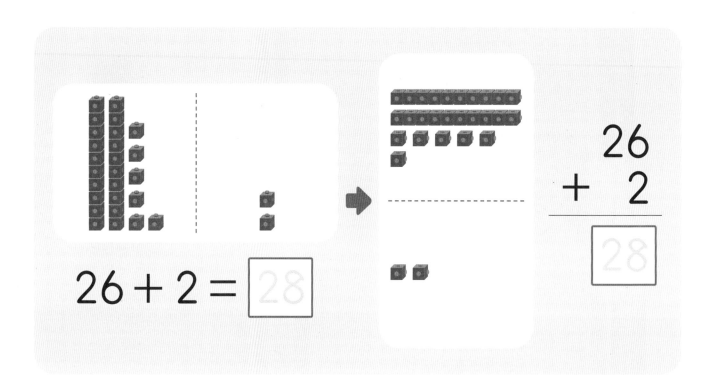

26 + 2 = 28

$$\begin{array}{r} 26 \\ +\ 2 \\ \hline 28 \end{array}$$

52 + 1 =

$$\begin{array}{r} 52 \\ +\ 1 \\ \hline \end{array}$$

34

□ 안에 알맞은 수를 쓰세요.

$34 + 4 = \boxed{}$

$$\begin{array}{r} 34 \\ +\ 4 \\ \hline \boxed{} \end{array}$$

$42 + 6 = \boxed{}$

$$\begin{array}{r} 42 \\ +\ 6 \\ \hline \boxed{} \end{array}$$

$53 + 1 = \boxed{}$

$$\begin{array}{r} 53 \\ +\ 1 \\ \hline \boxed{} \end{array}$$

$63 + 2 = \boxed{}$

$$\begin{array}{r} 63 \\ +\ 2 \\ \hline \boxed{} \end{array}$$

$75 + 2 = \boxed{}$

$$\begin{array}{r} 75 \\ +\ 2 \\ \hline \boxed{} \end{array}$$

$86 + 3 = \boxed{}$

$$\begin{array}{r} 86 \\ +\ 3 \\ \hline \boxed{} \end{array}$$

두 자리 수의 덧셈①

28~29쪽

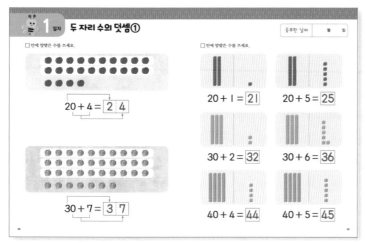

1 일차 두 자리 수의 덧셈①

□ 안에 알맞은 수를 쓰세요.

$20 + 4 = \boxed{2}\,\boxed{4}$

$30 + 7 = \boxed{3}\,\boxed{7}$

□ 안에 알맞은 수를 쓰세요.

$20 + 1 = \boxed{21}$ $20 + 5 = \boxed{25}$

$30 + 2 = \boxed{32}$ $30 + 6 = \boxed{36}$

$40 + 4 = \boxed{44}$ $40 + 5 = \boxed{45}$

30~31쪽

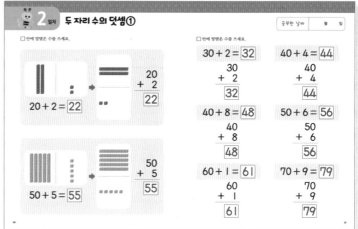

2 일차 두 자리 수의 덧셈①

□ 안에 알맞은 수를 쓰세요.

$20 + 2 = \boxed{22}$

$\begin{array}{r} 20 \\ +\ 2 \\ \hline \boxed{22} \end{array}$

$50 + 5 = \boxed{55}$

$\begin{array}{r} 50 \\ +\ 5 \\ \hline \boxed{55} \end{array}$

□ 안에 알맞은 수를 쓰세요.

$30 + 2 = \boxed{32}$ $40 + 4 = \boxed{44}$

$\begin{array}{r} 30 \\ +\ 2 \\ \hline \boxed{32} \end{array}$ $\begin{array}{r} 40 \\ +\ 4 \\ \hline \boxed{44} \end{array}$

$40 + 8 = \boxed{48}$ $50 + 6 = \boxed{56}$

$\begin{array}{r} 40 \\ +\ 8 \\ \hline \boxed{48} \end{array}$ $\begin{array}{r} 50 \\ +\ 6 \\ \hline \boxed{56} \end{array}$

$60 + 1 = \boxed{61}$ $70 + 9 = \boxed{79}$

$\begin{array}{r} 60 \\ +\ 1 \\ \hline \boxed{61} \end{array}$ $\begin{array}{r} 70 \\ +\ 9 \\ \hline \boxed{79} \end{array}$

32~33쪽

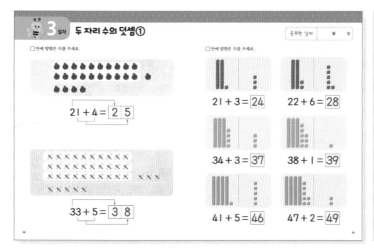

3 일차 두 자리 수의 덧셈①

□ 안에 알맞은 수를 쓰세요.

$21 + 4 = \boxed{2}\,\boxed{5}$

$33 + 5 = \boxed{3}\,\boxed{8}$

□ 안에 알맞은 수를 쓰세요.

$21 + 3 = \boxed{24}$ $22 + 6 = \boxed{28}$

$34 + 3 = \boxed{37}$ $38 + 1 = \boxed{39}$

$41 + 5 = \boxed{46}$ $47 + 2 = \boxed{49}$

34~35쪽

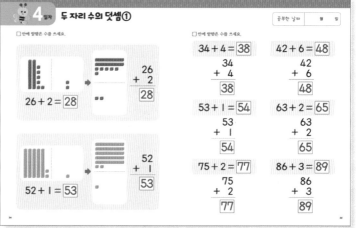

4 일차 두 자리 수의 덧셈①

□ 안에 알맞은 수를 쓰세요.

$26 + 2 = \boxed{28}$

$\begin{array}{r} 26 \\ +\ 2 \\ \hline \boxed{28} \end{array}$

$52 + 1 = \boxed{53}$

$\begin{array}{r} 52 \\ +\ 1 \\ \hline \boxed{53} \end{array}$

□ 안에 알맞은 수를 쓰세요.

$34 + 4 = \boxed{38}$ $42 + 6 = \boxed{48}$

$\begin{array}{r} 34 \\ +\ 4 \\ \hline \boxed{38} \end{array}$ $\begin{array}{r} 42 \\ +\ 6 \\ \hline \boxed{48} \end{array}$

$53 + 1 = \boxed{54}$ $63 + 2 = \boxed{65}$

$\begin{array}{r} 53 \\ +\ 1 \\ \hline \boxed{54} \end{array}$ $\begin{array}{r} 63 \\ +\ 2 \\ \hline \boxed{65} \end{array}$

$75 + 2 = \boxed{77}$ $86 + 3 = \boxed{89}$

$\begin{array}{r} 75 \\ +\ 2 \\ \hline \boxed{77} \end{array}$ $\begin{array}{r} 86 \\ +\ 3 \\ \hline \boxed{89} \end{array}$

두 자리 수의 덧셈②

이렇게 지도하세요

받아올림이 없는 (몇십)+(몇십), (몇십 몇)+(몇십 몇)의 계산 원리를 익힙니다.
받아올림을 학습하기 전에 받아올림이 없는 두 자리 수의 덧셈을 익히는 과정에서 십의
자리와 일의 자리에 대한 자릿값 개념을 이해하고, 두 자리 수의 세로셈을 경험합니다.

- **(몇십) + (몇십)** 덧셈하기

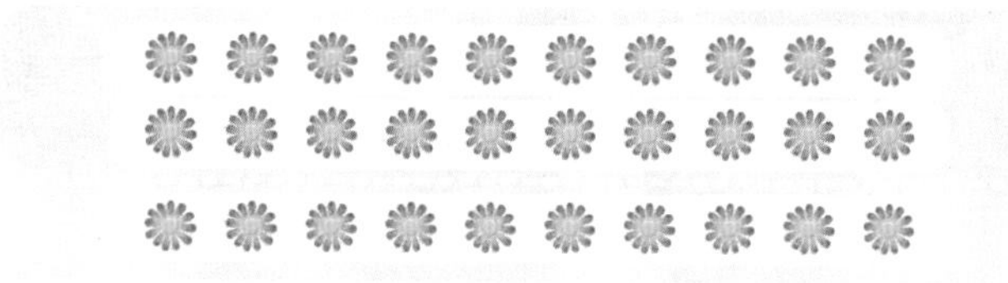

$$20 + 10 = \boxed{3 \;\vdots\; 0}$$

- **(몇십 몇) + (몇십 몇)** 덧셈하기

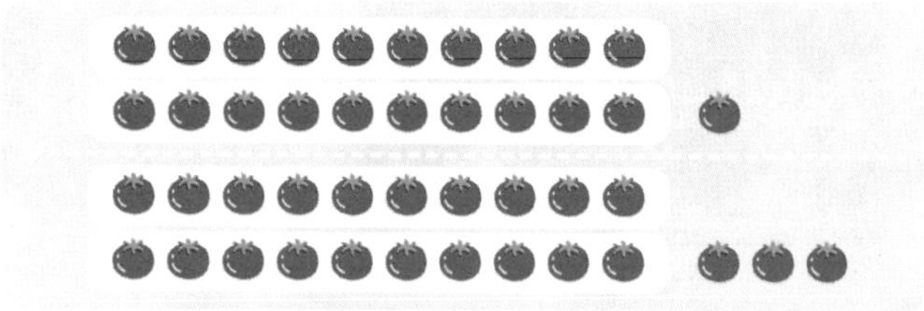

$$21 + 23 = \boxed{4 \;\vdots\; 4}$$

두 자리 수의 덧셈②

□ 안에 알맞은 수를 쓰세요.

$$20 + 10 = \boxed{3\ 0}$$

$$30 + 20 = \boxed{}$$

□ 안에 알맞은 수를 쓰세요.

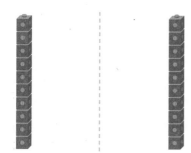

$10 + 10 =$ □

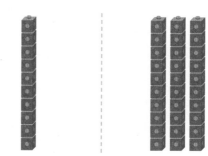

$10 + 30 =$ □

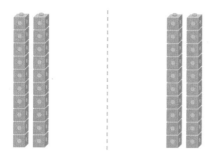

$20 + 20 =$ □

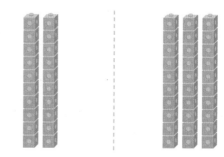

$20 + 30 =$ □

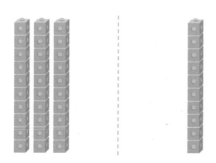

$30 + 10 =$ □

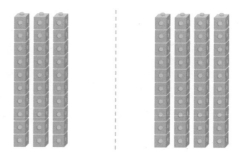

$30 + 40 =$ □

2 일차 두 자리 수의 덧셈②

□ 안에 알맞은 수를 쓰세요.

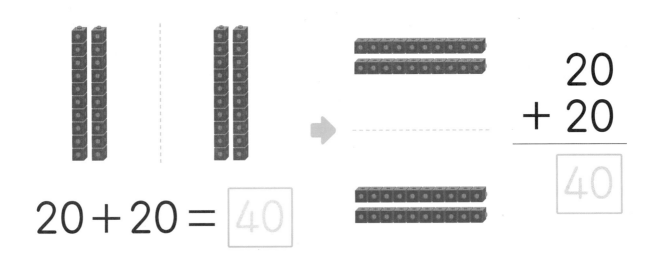

20 + 20 = $\boxed{40}$

$$\begin{array}{r} 20 \\ +\ 20 \\ \hline \boxed{40} \end{array}$$

30 + 40 = $\boxed{}$

$$\begin{array}{r} 30 \\ +\ 40 \\ \hline \boxed{} \end{array}$$

□ 안에 알맞은 수를 쓰세요.

$30 + 10 =$ ☐

$$\begin{array}{r} 30 \\ + 10 \\ \hline \end{array}$$

☐

$40 + 10 =$ ☐

$$\begin{array}{r} 40 \\ + 10 \\ \hline \end{array}$$

☐

$40 + 40 =$ ☐

$$\begin{array}{r} 40 \\ + 40 \\ \hline \end{array}$$

☐

$50 + 30 =$ ☐

$$\begin{array}{r} 50 \\ + 30 \\ \hline \end{array}$$

☐

$20 + 50 =$ ☐

$$\begin{array}{r} 20 \\ + 50 \\ \hline \end{array}$$

☐

$60 + 30 =$ ☐

$$\begin{array}{r} 60 \\ + 30 \\ \hline \end{array}$$

☐

두 자리 수의 덧셈②

□ 안에 알맞은 수를 쓰세요.

$$21 + 23 = \boxed{4 \mid 4}$$

$$32 + 26 = \boxed{}$$

□ 안에 알맞은 수를 쓰세요.

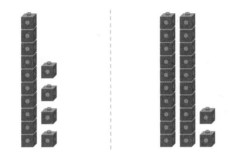

14 + 22 = ☐

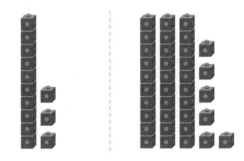

13 + 36 = ☐

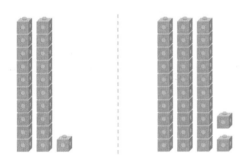

21 + 32 = ☐

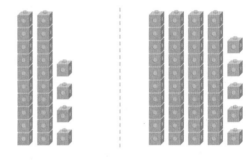

24 + 45 = ☐

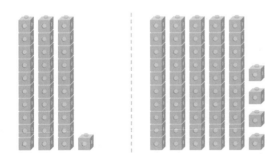

31 + 54 = ☐

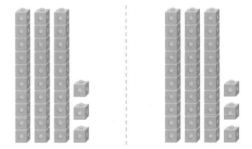

33 + 33 = ☐

두 자리 수의 덧셈 ②

☐ 안에 알맞은 수를 쓰세요.

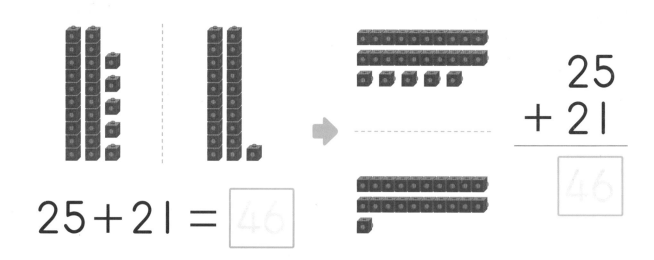

$$25 + 21 = \boxed{46}$$

$$\begin{array}{r} 25 \\ + 21 \\ \hline \boxed{46} \end{array}$$

$$34 + 43 = \boxed{}$$

$$\begin{array}{r} 34 \\ + 43 \\ \hline \boxed{} \end{array}$$

□ 안에 알맞은 수를 쓰세요.

$31 + 41 = \boxed{}$

$$\begin{array}{r} 31 \\ +\ 41 \\ \hline \boxed{} \end{array}$$

$45 + 24 = \boxed{}$

$$\begin{array}{r} 45 \\ +\ 24 \\ \hline \boxed{} \end{array}$$

$45 + 12 = \boxed{}$

$$\begin{array}{r} 45 \\ +\ 12 \\ \hline \boxed{} \end{array}$$

$55 + 43 = \boxed{}$

$$\begin{array}{r} 55 \\ +\ 43 \\ \hline \boxed{} \end{array}$$

$64 + 21 = \boxed{}$

$$\begin{array}{r} 64 \\ +\ 21 \\ \hline \boxed{} \end{array}$$

$61 + 22 = \boxed{}$

$$\begin{array}{r} 61 \\ +\ 22 \\ \hline \boxed{} \end{array}$$

정답 12단계

두 자리 수의 덧셈②

38~39쪽

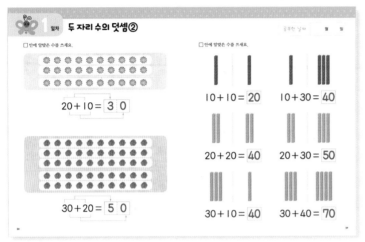

40~41쪽

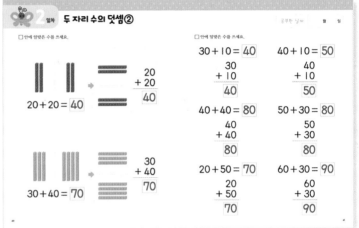

42~43쪽

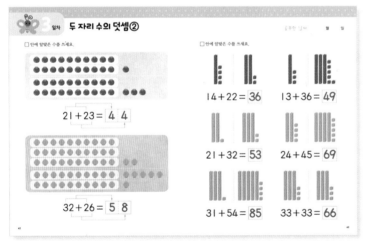

44~45쪽

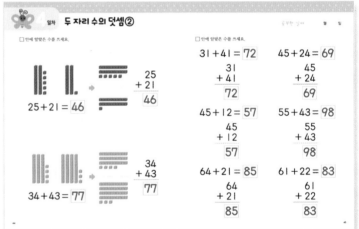

13 단계

두 자리 수의 덧셈 종합

이렇게 지도하세요

받아올림이 없는 (몇십)+(몇), (몇십 몇)+(몇), (몇십)+(몇십), (몇십 몇)+(몇십 몇)을 다시 한 번 연습합니다. 두 자리 수의 다양한 덧셈 활동을 통해 연산 감각을 기르고, 자릿값 개념의 기초를 다집니다.

- **(몇십) + (몇) 덧셈하기**

	2	0
+		3
	2	3

- **(몇십 몇) + (몇) 덧셈하기**

	3	3
+		3
	3	6

- **(몇십) + (몇십) 덧셈하기**

	2	0
+	2	0
	4	0

- **(몇십 몇) + (몇십 몇) 덧셈하기**

	2	2
+	1	7
	3	9

두 자리 수의 덧셈 종합

□ 안에 알맞은 수를 쓰세요.

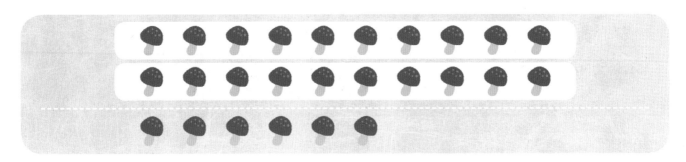

$$\begin{array}{r} 20 \\ +\ 6 \\ \hline \end{array}$$
➡
$$\begin{array}{r} 20 \\ +\ 6 \\ \hline \end{array}$$ 6
➡
$$\begin{array}{r} 20 \\ +\ 6 \\ \hline \end{array}$$ 26

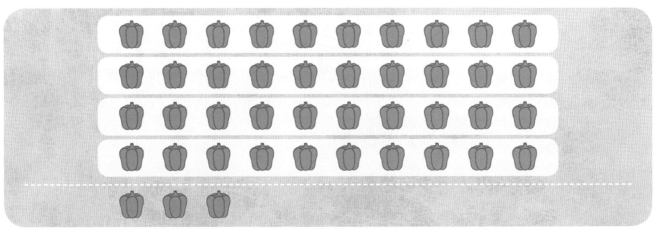

$$\begin{array}{r} 40 \\ +\ 3 \\ \hline \end{array}$$
➡
$$\begin{array}{r} 40 \\ +\ 3 \\ \hline \end{array}$$
➡
$$\begin{array}{r} 40 \\ +\ 3 \\ \hline \end{array}$$

□ 안에 알맞은 수를 쓰세요.

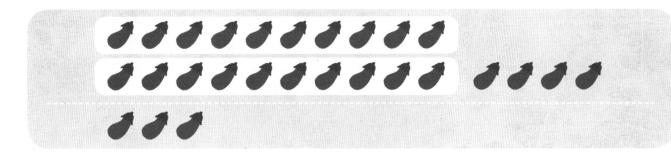

$$\begin{array}{r} 24 \\ +\ 3 \\ \hline \end{array}$$
➡
$$\begin{array}{r} 24 \\ +\ 3 \\ \hline \end{array}$$
➡
$$\begin{array}{r} 24 \\ +\ 3 \\ \hline \end{array}$$

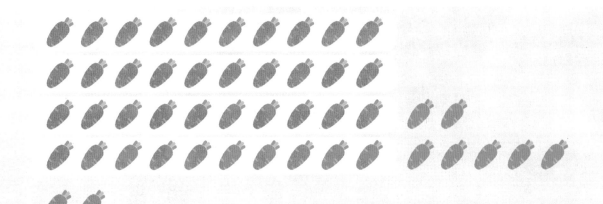

$$\begin{array}{r} 47 \\ +\ 2 \\ \hline \end{array}$$
➡
$$\begin{array}{r} 47 \\ +\ 2 \\ \hline \end{array}$$
➡
$$\begin{array}{r} 47 \\ +\ 2 \\ \hline \end{array}$$

두 자리 수의 덧셈 종합

□ 안에 알맞은 수를 쓰세요.

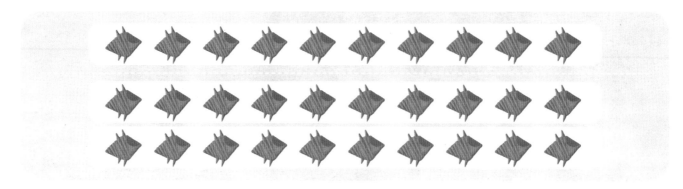

$$\begin{array}{r} 10 \\ + 20 \\ \hline \end{array}$$

$$\begin{array}{r} 10 \\ + 20 \\ \hline \boxed{0} \end{array}$$

$$\begin{array}{r} 10 \\ + 20 \\ \hline \boxed{30} \end{array}$$

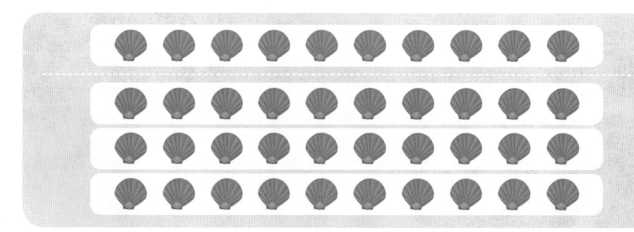

$$\begin{array}{r} 10 \\ + 30 \\ \hline \end{array}$$

$$\begin{array}{r} 10 \\ + 30 \\ \hline \boxed{} \end{array}$$

$$\begin{array}{r} 10 \\ + 30 \\ \hline \boxed{} \end{array}$$

□ 안에 알맞은 수를 쓰세요.

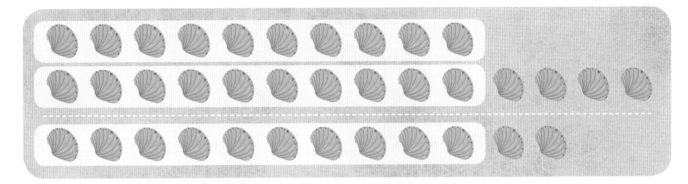

$$\begin{array}{r} 24 \\ +\ 12 \\ \hline \end{array}$$

$$\begin{array}{r} 24 \\ +\ 12 \\ \hline \square \end{array}$$

$$\begin{array}{r} 24 \\ +\ 12 \\ \hline \square \end{array}$$

$$\begin{array}{r} 31 \\ +\ 13 \\ \hline \end{array}$$

$$\begin{array}{r} 31 \\ +\ 13 \\ \hline \square \end{array}$$

$$\begin{array}{r} 31 \\ +\ 13 \\ \hline \square \end{array}$$

빈칸에 알맞은 수를 쓰세요.

```
   2 0
 +   3
 ─────
   2 3
```

```
   3 3
 +   3
 ─────
```

```
   4 2
 +   7
 ─────
```

```
   3 0
 +   8
 ─────
```

```
   4 3
 +   5
 ─────
```

```
   4 0
 +   6
 ─────
```

```
   3 1
 +   3
 ─────
```

```
   4 0
 +   5
 ─────
```

```
   4 4
 +   5
 ─────
```

빈칸에 알맞은 수를 쓰세요.

```
   5 0        6 3        8 4
 +   8      +   4      +   1
```

```
   7 0        5 2        7 5
 +   5      +   2      +   2
```

```
   6 0        7 3        8 0
 +   4      +   5      +   6
```

두 자리 수의 덧셈 종합

빈칸에 알맞은 수를 쓰세요.

	2	0
+	2	0
	4	0

	2	1
+	1	7

	2	3
+	2	4

	3	4
+	1	4

	1	4
+	2	5

	1	3
+	3	1

	1	8
+	3	1

	2	6
+	1	2

	3	0
+	3	0

빈칸에 알맞은 수를 쓰세요.

$$
\begin{array}{r}
4\ 0 \\
+\ 5\ 0 \\
\hline
\end{array}
\qquad
\begin{array}{r}
2\ 2 \\
+\ 5\ 5 \\
\hline
\end{array}
\qquad
\begin{array}{r}
6\ 2 \\
+\ 1\ 3 \\
\hline
\end{array}
$$

$$
\begin{array}{r}
4\ 4 \\
+\ 5\ 1 \\
\hline
\end{array}
\qquad
\begin{array}{r}
5\ 0 \\
+\ 2\ 0 \\
\hline
\end{array}
\qquad
\begin{array}{r}
4\ 0 \\
+\ 4\ 0 \\
\hline
\end{array}
$$

$$
\begin{array}{r}
1\ 8 \\
+\ 5\ 1 \\
\hline
\end{array}
\qquad
\begin{array}{r}
4\ 3 \\
+\ 5\ 4 \\
\hline
\end{array}
\qquad
\begin{array}{r}
5\ 6 \\
+\ 4\ 3 \\
\hline
\end{array}
$$

48~49쪽

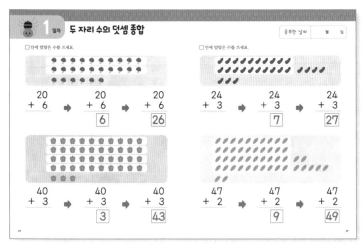

50~51쪽

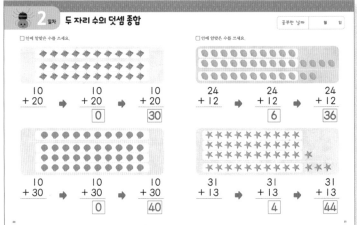

52~53쪽

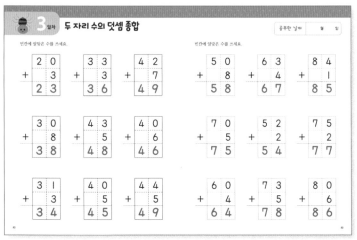

54~55쪽

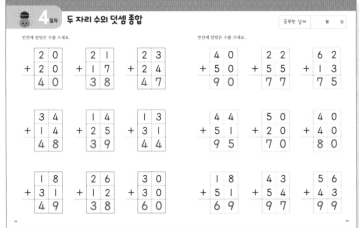

14단계

두 자리 수의 뺄셈 ①

이렇게 지도하세요

받아내림이 없는 (몇십)−(몇십), (몇십 몇)−(몇)의 계산 원리를 익힙니다. 받아내림을 학습하기 전에 받아내림이 없는 두 자리 수의 뺄셈을 익히는 과정에서 십의 자리와 일의 자리에 대한 자릿값 개념을 이해하고, 두 자리 수의 세로셈을 경험합니다.

- (몇십) − (몇십) 뺄셈하기

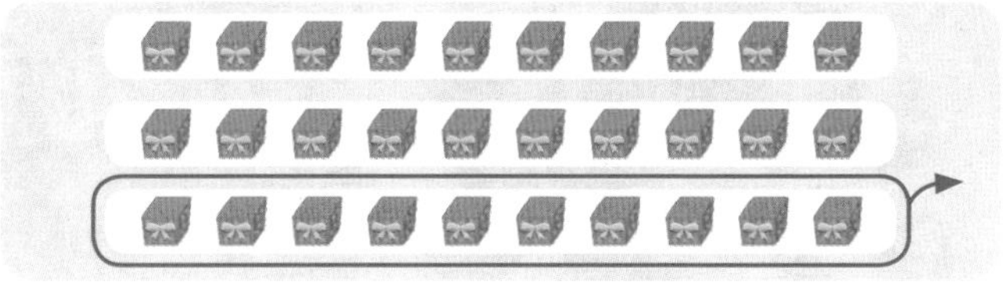

$$30 - 10 = \boxed{2 \mid 0}$$

- (몇십 몇) − (몇) 뺄셈하기

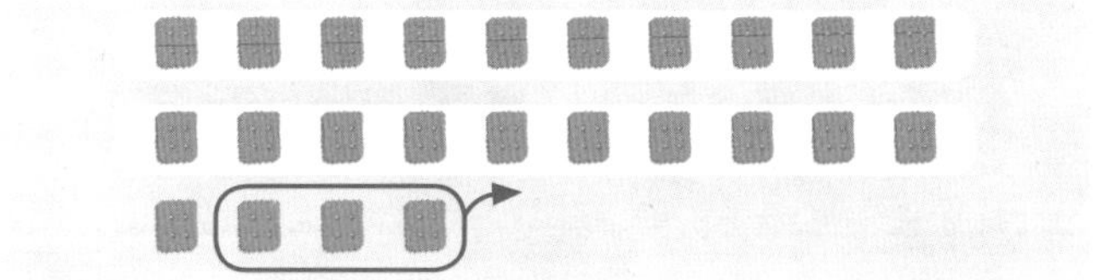

$$24 - 3 = \boxed{2 \mid 1}$$

두 자리 수의 뺄셈 ①

□ 안에 알맞은 수를 쓰세요.

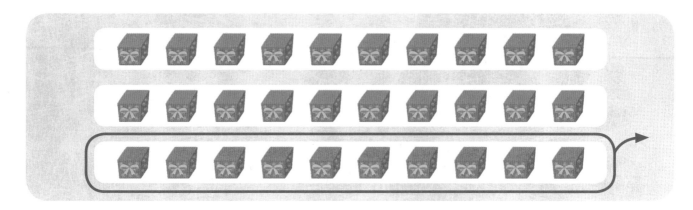

$$30 - 10 = \boxed{2 \;|\; 0}$$

$$40 - 20 = \boxed{ \;|\; }$$

□ 안에 알맞은 수를 쓰세요.

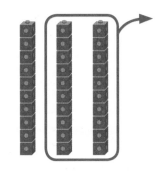

30 − 20 = □

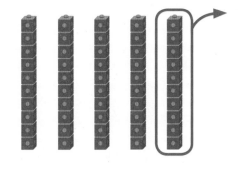

50 − 10 = □

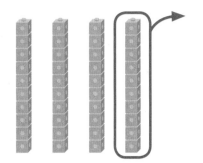

40 − 10 = □

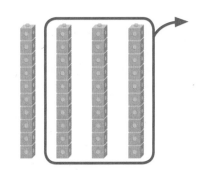

40 − 30 = □

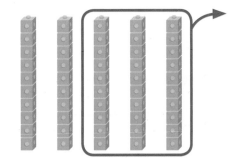

50 − 30 = □

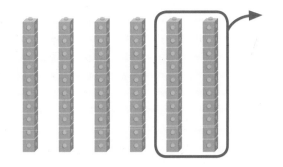

60 − 20 = □

59

두 자리 수의 뺄셈 ①

□ 안에 알맞은 수를 쓰세요.

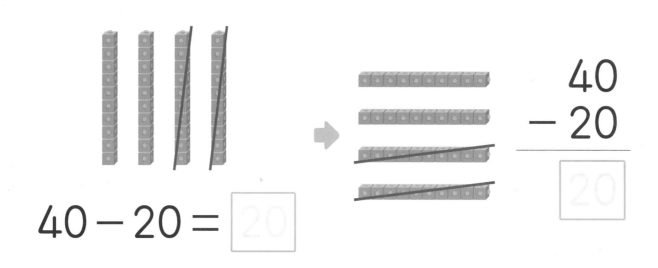

$$40 - 20 = \boxed{20}$$

$$\begin{array}{r} 40 \\ - 20 \\ \hline \boxed{20} \end{array}$$

$$60 - 30 = \boxed{}$$

$$\begin{array}{r} 60 \\ - 30 \\ \hline \boxed{} \end{array}$$

□ 안에 알맞은 수를 쓰세요.

$50 - 10 = \boxed{}$

$$\begin{array}{r} 50 \\ -\ 10 \\ \hline \boxed{} \end{array}$$

$50 - 40 = \boxed{}$

$$\begin{array}{r} 50 \\ -\ 40 \\ \hline \boxed{} \end{array}$$

$60 - 20 = \boxed{}$

$$\begin{array}{r} 60 \\ -\ 20 \\ \hline \boxed{} \end{array}$$

$60 - 50 = \boxed{}$

$$\begin{array}{r} 60 \\ -\ 50 \\ \hline \boxed{} \end{array}$$

$70 - 20 = \boxed{}$

$$\begin{array}{r} 70 \\ -\ 20 \\ \hline \boxed{} \end{array}$$

$80 - 50 = \boxed{}$

$$\begin{array}{r} 80 \\ -\ 50 \\ \hline \boxed{} \end{array}$$

두 자리 수의 뺄셈 ①

□ 안에 알맞은 수를 쓰세요.

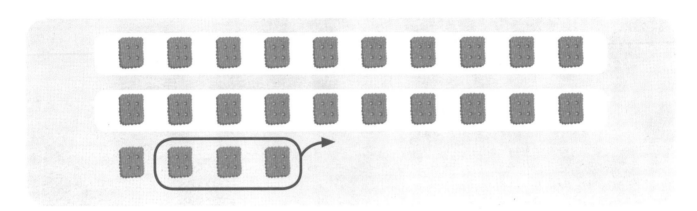

$$24 - 3 = \boxed{2 \, | \, 1}$$

$$36 - 4 = \boxed{}$$

□ 안에 알맞은 수를 쓰세요.

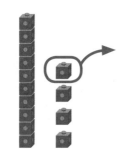

$14 - 1 = \boxed{}$

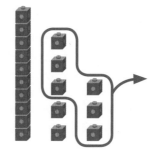

$18 - 6 = \boxed{}$

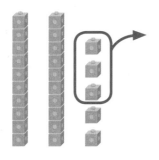

$25 - 3 = \boxed{}$

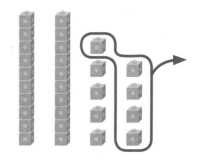

$29 - 5 = \boxed{}$

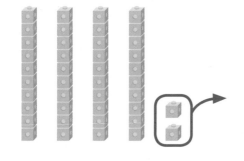

$42 - 2 = \boxed{}$

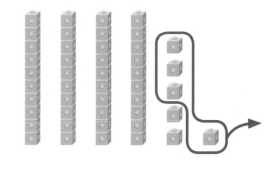

$46 - 4 = \boxed{}$

두 자리 수의 뺄셈 ①

□ 안에 알맞은 수를 쓰세요.

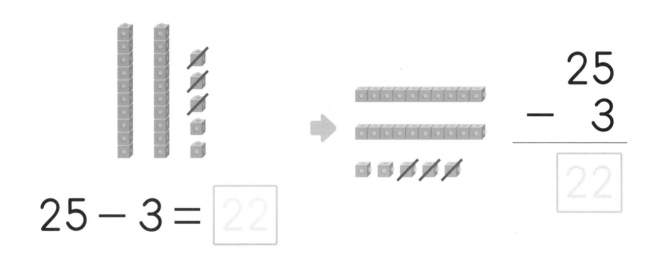

$$25 - 3 = \boxed{22}$$

$$
\begin{array}{r}
25 \\
- 3 \\
\hline
\boxed{22}
\end{array}
$$

$$36 - 5 = \boxed{}$$

$$
\begin{array}{r}
36 \\
- 5 \\
\hline
\boxed{}
\end{array}
$$

□ 안에 알맞은 수를 쓰세요.

22 − 1 = ☐

$$\begin{array}{r} 22 \\ -\ 1 \\ \hline \end{array}$$

☐

27 − 4 = ☐

$$\begin{array}{r} 27 \\ -\ 4 \\ \hline \end{array}$$

☐

36 − 3 = ☐

$$\begin{array}{r} 36 \\ -\ 3 \\ \hline \end{array}$$

☐

38 − 4 = ☐

$$\begin{array}{r} 38 \\ -\ 4 \\ \hline \end{array}$$

☐

49 − 7 = ☐

$$\begin{array}{r} 49 \\ -\ 7 \\ \hline \end{array}$$

☐

59 − 2 = ☐

$$\begin{array}{r} 59 \\ -\ 2 \\ \hline \end{array}$$

☐

정답

14단계
두 자리 수의 뺄셈①

58~59쪽

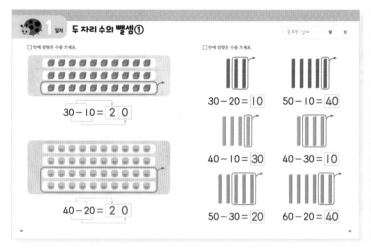

30 − 10 = 2 0

40 − 20 = 2 0

30 − 20 = 10
50 − 10 = 40

40 − 10 = 30
40 − 30 = 10

50 − 30 = 20
60 − 20 = 40

60~61쪽

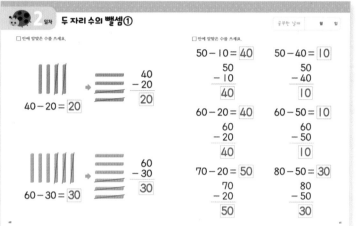

40 − 20 = 20

$$\begin{array}{r} 40 \\ -\ 20 \\ \hline 20 \end{array}$$

60 − 30 = 30

$$\begin{array}{r} 60 \\ -\ 30 \\ \hline 30 \end{array}$$

50 − 10 = 40

$$\begin{array}{r} 50 \\ -\ 10 \\ \hline 40 \end{array}$$

50 − 40 = 10

$$\begin{array}{r} 50 \\ -\ 40 \\ \hline 10 \end{array}$$

60 − 20 = 40

$$\begin{array}{r} 60 \\ -\ 20 \\ \hline 40 \end{array}$$

60 − 50 = 10

$$\begin{array}{r} 60 \\ -\ 50 \\ \hline 10 \end{array}$$

70 − 20 = 50

$$\begin{array}{r} 70 \\ -\ 20 \\ \hline 50 \end{array}$$

80 − 50 = 30

$$\begin{array}{r} 80 \\ -\ 50 \\ \hline 30 \end{array}$$

62~63쪽

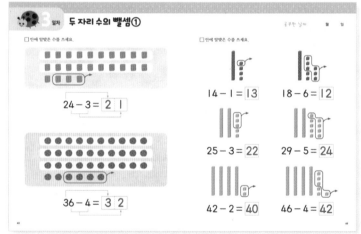

24 − 3 = 2 1

36 − 4 = 3 2

14 − 1 = 13
18 − 6 = 12

25 − 3 = 22
29 − 5 = 24

42 − 2 = 40
46 − 4 = 42

64~65쪽

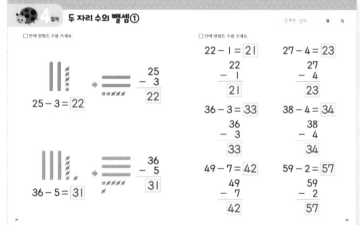

25 − 3 = 22

$$\begin{array}{r} 25 \\ -\ 3 \\ \hline 22 \end{array}$$

36 − 5 = 31

$$\begin{array}{r} 36 \\ -\ 5 \\ \hline 31 \end{array}$$

22 − 1 = 21

$$\begin{array}{r} 22 \\ -\ 1 \\ \hline 21 \end{array}$$

27 − 4 = 23

$$\begin{array}{r} 27 \\ -\ 4 \\ \hline 23 \end{array}$$

36 − 3 = 33

$$\begin{array}{r} 36 \\ -\ 3 \\ \hline 33 \end{array}$$

38 − 4 = 34

$$\begin{array}{r} 38 \\ -\ 4 \\ \hline 34 \end{array}$$

49 − 7 = 42

$$\begin{array}{r} 49 \\ -\ 7 \\ \hline 42 \end{array}$$

59 − 2 = 57

$$\begin{array}{r} 59 \\ -\ 2 \\ \hline 57 \end{array}$$

15 단계

두 자리 수의 뺄셈 ②

이렇게 지도하세요

받아내림이 없는 (몇십 몇)−(몇십), (몇십 몇)−(몇십 몇)의 계산 원리를 익힙니다.
받아내림을 학습하기 전에 받아내림이 없는 두 자리 수의 뺄셈을 익히는 과정에서 십의
자리와 일의 자리에 대한 자릿값 개념을 이해하고, 두 자리 수의 세로셈을 경험합니다.

• (몇십 몇) − (몇십) 뺄셈하기

$$25 - 10 = \boxed{1 \; 5}$$

• (몇십 몇) − (몇십 몇) 뺄셈하기

$$23 - 11 = \boxed{1 \; 2}$$

두 자리 수의 뺄셈②

□ 안에 알맞은 수를 쓰세요.

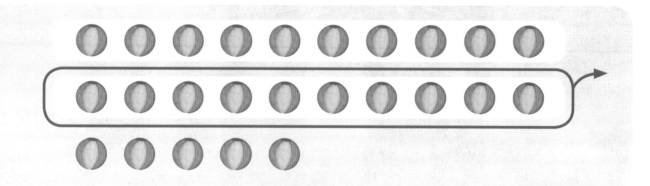

$$25 - 10 = \boxed{1 \ \vdots \ 5}$$

$$32 - 20 = \boxed{}$$

□ 안에 알맞은 수를 쓰세요.

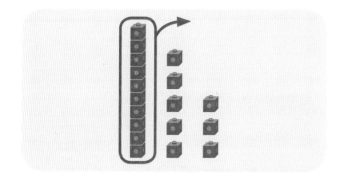

$18 - 10 =$ □

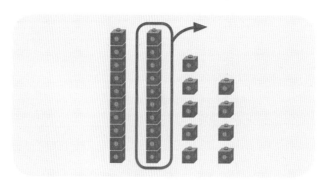

$29 - 10 =$ □

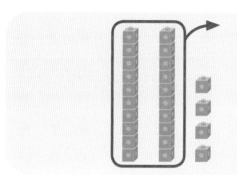

$24 - 20 =$ □

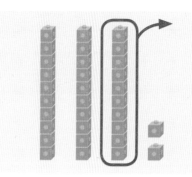

$32 - 10 =$ □

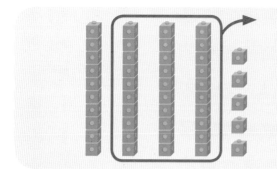

$45 - 30 =$ □

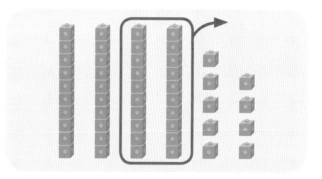

$49 - 20 =$ □

두 자리 수의 뺄셈②

□ 안에 알맞은 수를 쓰세요.

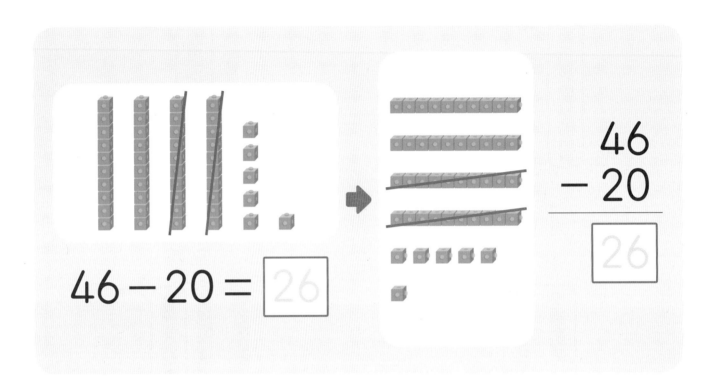

$$46 - 20 = \boxed{26}$$

$$\begin{array}{r} 46 \\ -\ 20 \\ \hline \boxed{26} \end{array}$$

$$55 - 40 = \boxed{}$$

$$\begin{array}{r} 55 \\ -\ 40 \\ \hline \boxed{} \end{array}$$

□ 안에 알맞은 수를 쓰세요.

26 − 10 = □

$$\begin{array}{r} 26 \\ -\ 10 \\ \hline \ \square \end{array}$$

28 − 20 = □

$$\begin{array}{r} 28 \\ -\ 20 \\ \hline \ \square \end{array}$$

34 − 10 = □

$$\begin{array}{r} 34 \\ -\ 10 \\ \hline \ \square \end{array}$$

39 − 30 = □

$$\begin{array}{r} 39 \\ -\ 30 \\ \hline \ \square \end{array}$$

44 − 10 = □

$$\begin{array}{r} 44 \\ -\ 10 \\ \hline \ \square \end{array}$$

58 − 40 = □

$$\begin{array}{r} 58 \\ -\ 40 \\ \hline \ \square \end{array}$$

두 자리 수의 뺄셈②

☐ 안에 알맞은 수를 쓰세요.

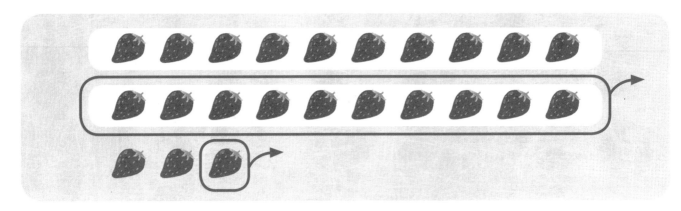

$$23 - 11 = \boxed{1 \ \vdots \ 2}$$

$$37 - 15 = \boxed{}$$

□ 안에 알맞은 수를 쓰세요.

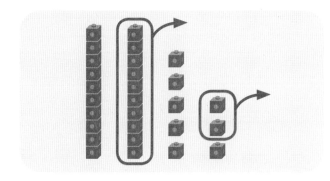

28 − 12 = ☐

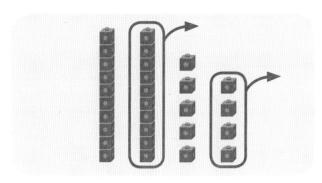

29 − 14 = ☐

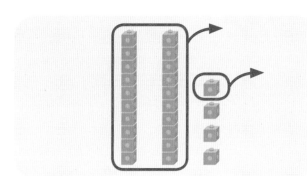

24 − 21 = ☐

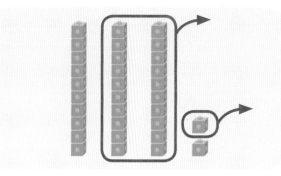

32 − 21 = ☐

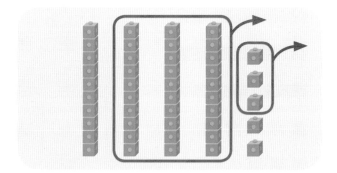

45 − 33 = ☐

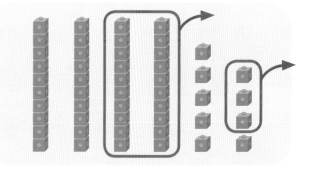

49 − 23 = ☐

두 자리 수의 뺄셈 ②

☐ 안에 알맞은 수를 쓰세요.

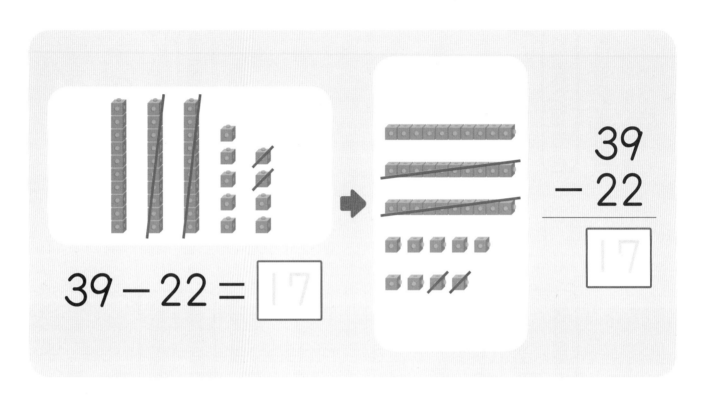

$$39 - 22 = \boxed{17}$$

$$\begin{array}{r} 39 \\ -\ 22 \\ \hline \boxed{17} \end{array}$$

$$48 - 13 = \boxed{}$$

$$\begin{array}{r} 48 \\ -\ 13 \\ \hline \boxed{} \end{array}$$

□ 안에 알맞은 수를 쓰세요.

$23 - 11 = \boxed{}$

$$\begin{array}{r} 23 \\ -\ 11 \\ \hline \boxed{} \end{array}$$

$22 - 12 = \boxed{}$

$$\begin{array}{r} 22 \\ -\ 12 \\ \hline \boxed{} \end{array}$$

$35 - 21 = \boxed{}$

$$\begin{array}{r} 35 \\ -\ 21 \\ \hline \boxed{} \end{array}$$

$37 - 16 = \boxed{}$

$$\begin{array}{r} 37 \\ -\ 16 \\ \hline \boxed{} \end{array}$$

$47 - 25 = \boxed{}$

$$\begin{array}{r} 47 \\ -\ 25 \\ \hline \boxed{} \end{array}$$

$56 - 43 = \boxed{}$

$$\begin{array}{r} 56 \\ -\ 43 \\ \hline \boxed{} \end{array}$$

68~69쪽

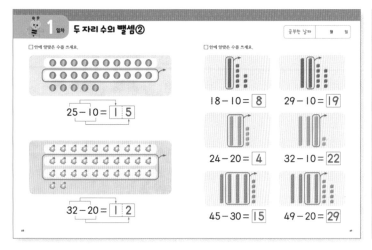

1 일차 두 자리 수의 뺄셈②

□ 안에 알맞은 수를 쓰세요.

$25 - 10 = 15$

$32 - 20 = 12$

□ 안에 알맞은 수를 쓰세요.

$18 - 10 = 8$　　$29 - 10 = 19$

$24 - 20 = 4$　　$32 - 10 = 22$

$45 - 30 = 15$　　$49 - 20 = 29$

70~71쪽

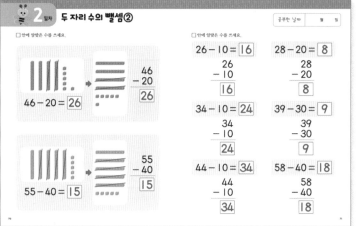

2 일차 두 자리 수의 뺄셈②

□ 안에 알맞은 수를 쓰세요.

$46 - 20 = 26$

$\begin{array}{r} 46 \\ -20 \\ \hline 26 \end{array}$

$55 - 40 = 15$

$\begin{array}{r} 55 \\ -40 \\ \hline 15 \end{array}$

□ 안에 알맞은 수를 쓰세요.

$26 - 10 = 16$　　$28 - 20 = 8$

$\begin{array}{r} 26 \\ -10 \\ \hline 16 \end{array}$　　$\begin{array}{r} 28 \\ -20 \\ \hline 8 \end{array}$

$34 - 10 = 24$　　$39 - 30 = 9$

$\begin{array}{r} 34 \\ -10 \\ \hline 24 \end{array}$　　$\begin{array}{r} 39 \\ -30 \\ \hline 9 \end{array}$

$44 - 10 = 34$　　$58 - 40 = 18$

$\begin{array}{r} 44 \\ -10 \\ \hline 34 \end{array}$　　$\begin{array}{r} 58 \\ -40 \\ \hline 18 \end{array}$

72~73쪽

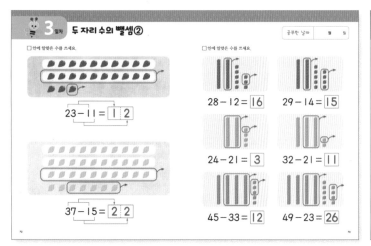

3 일차 두 자리 수의 뺄셈②

□ 안에 알맞은 수를 쓰세요.

$23 - 11 = 12$

$37 - 15 = 22$

□ 안에 알맞은 수를 쓰세요.

$28 - 12 = 16$　　$29 - 14 = 15$

$24 - 21 = 3$　　$32 - 21 = 11$

$45 - 33 = 12$　　$49 - 23 = 26$

74~75쪽

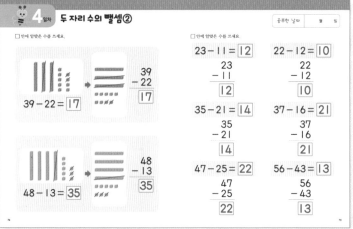

4 일차 두 자리 수의 뺄셈②

□ 안에 알맞은 수를 쓰세요.

$39 - 22 = 17$

$\begin{array}{r} 39 \\ -22 \\ \hline 17 \end{array}$

$48 - 13 = 35$

$\begin{array}{r} 48 \\ -13 \\ \hline 35 \end{array}$

□ 안에 알맞은 수를 쓰세요.

$23 - 11 = 12$　　$22 - 12 = 10$

$\begin{array}{r} 23 \\ -11 \\ \hline 12 \end{array}$　　$\begin{array}{r} 22 \\ -12 \\ \hline 10 \end{array}$

$35 - 21 = 14$　　$37 - 16 = 21$

$\begin{array}{r} 35 \\ -21 \\ \hline 14 \end{array}$　　$\begin{array}{r} 37 \\ -16 \\ \hline 21 \end{array}$

$47 - 25 = 22$　　$56 - 43 = 13$

$\begin{array}{r} 47 \\ -25 \\ \hline 22 \end{array}$　　$\begin{array}{r} 56 \\ -43 \\ \hline 13 \end{array}$

16단계

두 자리 수의 뺄셈 종합

이렇게 지도하세요

받아내림이 없는 (몇십)−(몇십), (몇십 몇)−(몇), (몇십 몇)−(몇십),
(몇십 몇)−(몇십 몇)을 다시 한 번 연습합니다. 두 자리 수의 다양한 뺄셈 활동을 통해
연산 감각을 기르고, 자릿값 개념의 기초를 다집니다.

・(몇십) − (몇십) 뺄셈하기

3	0
− 1	0
2	0

・(몇십 몇) − (몇) 뺄셈하기

2	4
−	1
2	3

・(몇십 몇) − (몇십) 뺄셈하기

3	7
− 1	0
2	7

・(몇십 몇) − (몇십 몇) 뺄셈하기

2	6
− 1	3
1	3

두 자리 수의 뺄셈 종합

□ 안에 알맞은 수를 쓰세요.

$$\begin{array}{r} 30 \\ -\ 10 \\ \hline \end{array}$$  $$\begin{array}{r} 30 \\ -\ 10 \\ \hline 0 \end{array}$$  $$\begin{array}{r} 30 \\ -\ 10 \\ \hline 20 \end{array}$$

$$\begin{array}{r} 40 \\ -\ 30 \\ \hline \end{array}$$ $$\begin{array}{r} 40 \\ -\ 30 \\ \hline \end{array}$$ $$\begin{array}{r} 40 \\ -\ 30 \\ \hline \end{array}$$

□ 안에 알맞은 수를 쓰세요.

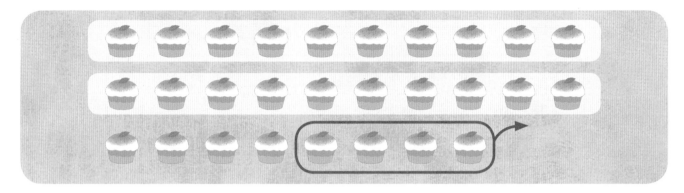

$$\begin{array}{r} 28 \\ -\ 4 \\ \hline \end{array}$$ ➡ $$\begin{array}{r} 28 \\ -\ 4 \\ \hline \square \end{array}$$ ➡ $$\begin{array}{r} 28 \\ -\ 4 \\ \hline \square \end{array}$$

$$\begin{array}{r} 35 \\ -\ 2 \\ \hline \end{array}$$ ➡ $$\begin{array}{r} 35 \\ -\ 2 \\ \hline \square \end{array}$$ ➡ $$\begin{array}{r} 35 \\ -\ 2 \\ \hline \square \end{array}$$

2 일차 두 자리 수의 뺄셈 종합

☐ 안에 알맞은 수를 쓰세요.

$$\begin{array}{r} 34 \\ -\ 20 \\ \hline \end{array}$$
➡
$$\begin{array}{r} 34 \\ -\ 20 \\ \hline \end{array}$$
$$\boxed{4}$$
➡
$$\begin{array}{r} 34 \\ -\ 20 \\ \hline \end{array}$$
$$\boxed{14}$$

$$\begin{array}{r} 48 \\ -\ 30 \\ \hline \end{array}$$
➡
$$\begin{array}{r} 48 \\ -\ 30 \\ \hline \end{array}$$
$$\boxed{}$$
➡
$$\begin{array}{r} 48 \\ -\ 30 \\ \hline \end{array}$$
$$\boxed{}$$

□ 안에 알맞은 수를 쓰세요.

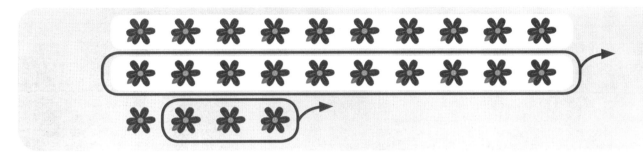

$$\begin{array}{r} 24 \\ -\ 13 \\ \hline \end{array}$$
➡
$$\begin{array}{r} 24 \\ -\ 13 \\ \hline \square \end{array}$$
➡
$$\begin{array}{r} 24 \\ -\ 13 \\ \hline \square \end{array}$$

$$\begin{array}{r} 35 \\ -\ 12 \\ \hline \end{array}$$
➡
$$\begin{array}{r} 35 \\ -\ 12 \\ \hline \square \end{array}$$
➡
$$\begin{array}{r} 35 \\ -\ 12 \\ \hline \square \end{array}$$

두 자리 수의 뺄셈 종합

빈칸에 알맞은 수를 쓰세요.

```
  3 0
-   1 0
-------
  2 0
```

```
  2 4
-     1
-------
```

```
  2 7
-     6
-------
```

```
  3 4
-     1
-------
```

```
  4 8
-     7
-------
```

```
  3 9
-     5
-------
```

```
  2 5
-     3
-------
```

```
  2 7
-     4
-------
```

```
  5 0
-   4 0
-------
```

빈칸에 알맞은 수를 쓰세요.

	7	5
−		2

	6	9
−		2

	6	6
−		2

	7	0
−	4	0

	6	6
−		5

	8	0
−	4	0

	8	8
−		3

	7	9
−		2

	9	9
−		5

두 자리 수의 뺄셈 종합

빈칸에 알맞은 수를 쓰세요.

```
   2 6          3 5          3 7
 - 1 3        - 2 1        - 1 0
 -------      -------      -------
   1 3
```

```
   3 8          2 4          3 5
 - 1 7        - 1 4        - 1 2
 -------      -------      -------
```

```
   2 4          2 8          5 9
 - 1 3        - 1 1        - 4 0
 -------      -------      -------
```

빈칸에 알맞은 수를 쓰세요.

	5	2
−	1	2

	4	9
−	2	7

	5	4
−	2	1

	4	3
−	2	0

	4	8
−	2	2

	5	9
−	3	2

	4	5
−	1	0

	4	4
−	1	2

	6	9
−	1	7

두 자리 수의 뺄셈 종합

78~79쪽

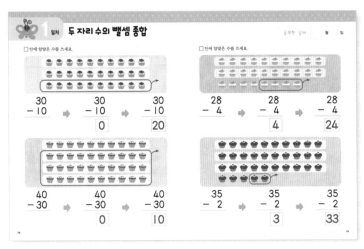

① 일차 **두 자리 수의 뺄셈 종합**

□안에 알맞은 수를 쓰세요.

$$\begin{array}{r}30\\-10\\\hline\end{array}\Rightarrow\begin{array}{r}30\\-10\\\hline 0\end{array}\Rightarrow\begin{array}{r}30\\-10\\\hline 20\end{array}$$

$$\begin{array}{r}40\\-30\\\hline\end{array}\Rightarrow\begin{array}{r}40\\-30\\\hline 0\end{array}\Rightarrow\begin{array}{r}40\\-30\\\hline 10\end{array}$$

□안에 알맞은 수를 쓰세요.

$$\begin{array}{r}28\\-4\\\hline\end{array}\Rightarrow\begin{array}{r}28\\-4\\\hline 4\end{array}\Rightarrow\begin{array}{r}28\\-4\\\hline 24\end{array}$$

$$\begin{array}{r}35\\-2\\\hline\end{array}\Rightarrow\begin{array}{r}35\\-2\\\hline 3\end{array}\Rightarrow\begin{array}{r}35\\-2\\\hline 33\end{array}$$

80~81쪽

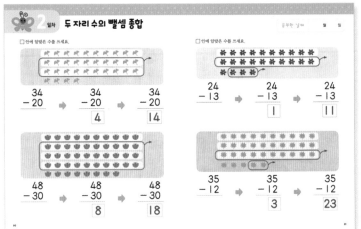

② 일차 **두 자리 수의 뺄셈 종합**

□안에 알맞은 수를 쓰세요.

$$\begin{array}{r}34\\-20\\\hline\end{array}\Rightarrow\begin{array}{r}34\\-20\\\hline 4\end{array}\Rightarrow\begin{array}{r}34\\-20\\\hline 14\end{array}$$

$$\begin{array}{r}48\\-30\\\hline\end{array}\Rightarrow\begin{array}{r}48\\-30\\\hline 8\end{array}\Rightarrow\begin{array}{r}48\\-30\\\hline 18\end{array}$$

□안에 알맞은 수를 쓰세요.

$$\begin{array}{r}24\\-13\\\hline\end{array}\Rightarrow\begin{array}{r}24\\-13\\\hline 1\end{array}\Rightarrow\begin{array}{r}24\\-13\\\hline 11\end{array}$$

$$\begin{array}{r}35\\-12\\\hline\end{array}\Rightarrow\begin{array}{r}35\\-12\\\hline 3\end{array}\Rightarrow\begin{array}{r}35\\-12\\\hline 23\end{array}$$

82~83쪽

③ 일차 **두 자리 수의 뺄셈 종합**

빈칸에 알맞은 수를 쓰세요.

$$\begin{array}{r}30\\-10\\\hline 20\end{array}\quad\begin{array}{r}24\\-1\\\hline 23\end{array}\quad\begin{array}{r}27\\-6\\\hline 21\end{array}$$

$$\begin{array}{r}34\\-1\\\hline 33\end{array}\quad\begin{array}{r}48\\-7\\\hline 41\end{array}\quad\begin{array}{r}39\\-5\\\hline 34\end{array}$$

$$\begin{array}{r}25\\-3\\\hline 22\end{array}\quad\begin{array}{r}27\\-4\\\hline 23\end{array}\quad\begin{array}{r}50\\-40\\\hline 10\end{array}$$

빈칸에 알맞은 수를 쓰세요.

$$\begin{array}{r}75\\-2\\\hline 73\end{array}\quad\begin{array}{r}69\\-2\\\hline 67\end{array}\quad\begin{array}{r}66\\-2\\\hline 64\end{array}$$

$$\begin{array}{r}70\\-40\\\hline 30\end{array}\quad\begin{array}{r}66\\-5\\\hline 61\end{array}\quad\begin{array}{r}80\\-40\\\hline 40\end{array}$$

$$\begin{array}{r}88\\-3\\\hline 85\end{array}\quad\begin{array}{r}79\\-2\\\hline 77\end{array}\quad\begin{array}{r}99\\-5\\\hline 94\end{array}$$

84~85쪽

④ 일차 **두 자리 수의 뺄셈 종합**

빈칸에 알맞은 수를 쓰세요.

$$\begin{array}{r}26\\-13\\\hline 13\end{array}\quad\begin{array}{r}35\\-21\\\hline 14\end{array}\quad\begin{array}{r}37\\-10\\\hline 27\end{array}$$

$$\begin{array}{r}38\\-17\\\hline 21\end{array}\quad\begin{array}{r}24\\-14\\\hline 10\end{array}\quad\begin{array}{r}35\\-12\\\hline 23\end{array}$$

$$\begin{array}{r}24\\-13\\\hline 11\end{array}\quad\begin{array}{r}28\\-11\\\hline 17\end{array}\quad\begin{array}{r}59\\-40\\\hline 19\end{array}$$

빈칸에 알맞은 수를 쓰세요.

$$\begin{array}{r}52\\-12\\\hline 40\end{array}\quad\begin{array}{r}49\\-27\\\hline 22\end{array}\quad\begin{array}{r}54\\-21\\\hline 33\end{array}$$

$$\begin{array}{r}43\\-20\\\hline 23\end{array}\quad\begin{array}{r}48\\-22\\\hline 26\end{array}\quad\begin{array}{r}59\\-32\\\hline 27\end{array}$$

$$\begin{array}{r}45\\-10\\\hline 35\end{array}\quad\begin{array}{r}44\\-12\\\hline 32\end{array}\quad\begin{array}{r}69\\-17\\\hline 52\end{array}$$

9~16단계
실력 테스트

열심히 공부했나요?
나의 계산 실력을 테스트해 보세요.

실력 테스트

월   일

점

각 문항당 10점

□ 안에 알맞은 수를 쓰세요.

❶
$$\begin{array}{r} 5 \\ +\ 2 \\ \hline \end{array}$$

❷
$$\begin{array}{r} 6 \\ +\ 3 \\ \hline \end{array}$$

❸
$$\begin{array}{r} 2 \\ +\ 3 \\ \hline \end{array}$$

❹
$$\begin{array}{r} 2 \\ +\ 2 \\ \hline \end{array}$$

❺
$$\begin{array}{r} 4 \\ +\ 5 \\ \hline \end{array}$$

❻
$$\begin{array}{r} 3 \\ +\ 5 \\ \hline \end{array}$$

❼
$$\begin{array}{r} 7 \\ +\ 2 \\ \hline \end{array}$$

❽
$$\begin{array}{r} 6 \\ +\ 1 \\ \hline \end{array}$$

❾
$$\begin{array}{r} 5 \\ +\ 3 \\ \hline \end{array}$$

❿
$$\begin{array}{r} 2 \\ +\ 4 \\ \hline \end{array}$$

실력 테스트

□ 안에 알맞은 수를 쓰세요.

① 5
  − 1

② 6
  − 5

③ 7
  − 4

④ 4
  − 2

⑤ 5
  − 3

⑥ 8
  − 5

⑦ 9
  − 4

⑧ 6
  − 4

⑨ 7
  − 1

⑩ 8
  − 4

□ 안에 알맞은 수를 쓰세요.

❶
```
  20
+  2
─────
```

❷
```
  50
+  6
─────
```

❸
```
  10
+  3
─────
```

❹
```
  40
+  1
─────
```

❺
```
  60
+  5
─────
```

❻
```
  24
+  2
─────
```

❼
```
  42
+  5
─────
```

❽
```
  55
+  3
─────
```

❾
```
  62
+  2
─────
```

❿
```
  78
+  1
─────
```

실력 테스트

각 문항당 10점

□ 안에 알맞은 수를 쓰세요.

①
$$
\begin{array}{r}
20 \\
+\ 10 \\
\hline
\end{array}
$$

②
$$
\begin{array}{r}
20 \\
+\ 20 \\
\hline
\end{array}
$$

③
$$
\begin{array}{r}
30 \\
+\ 40 \\
\hline
\end{array}
$$

④
$$
\begin{array}{r}
40 \\
+\ 20 \\
\hline
\end{array}
$$

⑤
$$
\begin{array}{r}
50 \\
+\ 40 \\
\hline
\end{array}
$$

⑥
$$
\begin{array}{r}
21 \\
+\ 14 \\
\hline
\end{array}
$$

⑦
$$
\begin{array}{r}
25 \\
+\ 22 \\
\hline
\end{array}
$$

⑧
$$
\begin{array}{r}
35 \\
+\ 43 \\
\hline
\end{array}
$$

⑨
$$
\begin{array}{r}
52 \\
+\ 21 \\
\hline
\end{array}
$$

⑩
$$
\begin{array}{r}
62 \\
+\ 33 \\
\hline
\end{array}
$$

□ 안에 알맞은 수를 쓰세요.

❶
$$\begin{array}{r} 30 \\ +5 \\ \hline \end{array}$$

❷
$$\begin{array}{r} 20 \\ +2 \\ \hline \end{array}$$

❸
$$\begin{array}{r} 40 \\ +30 \\ \hline \end{array}$$

❹
$$\begin{array}{r} 42 \\ +15 \\ \hline \end{array}$$

❺
$$\begin{array}{r} 40 \\ +8 \\ \hline \end{array}$$

❻
$$\begin{array}{r} 45 \\ +4 \\ \hline \end{array}$$

❼
$$\begin{array}{r} 40 \\ +50 \\ \hline \end{array}$$

❽
$$\begin{array}{r} 36 \\ +23 \\ \hline \end{array}$$

❾
$$\begin{array}{r} 38 \\ +1 \\ \hline \end{array}$$

❿
$$\begin{array}{r} 47 \\ +42 \\ \hline \end{array}$$

실력 테스트

월   일

점

각 문항당 10점

□ 안에 알맞은 수를 쓰세요.

①
$$
\begin{array}{r}
60 \\
- 20 \\
\hline
\end{array}
$$

②
$$
\begin{array}{r}
50 \\
- 40 \\
\hline
\end{array}
$$

③
$$
\begin{array}{r}
70 \\
- 10 \\
\hline
\end{array}
$$

④
$$
\begin{array}{r}
80 \\
- 50 \\
\hline
\end{array}
$$

⑤
$$
\begin{array}{r}
90 \\
- 80 \\
\hline
\end{array}
$$

⑥
$$
\begin{array}{r}
35 \\
- 3 \\
\hline
\end{array}
$$

⑦
$$
\begin{array}{r}
58 \\
- 6 \\
\hline
\end{array}
$$

⑧
$$
\begin{array}{r}
29 \\
- 8 \\
\hline
\end{array}
$$

⑨
$$
\begin{array}{r}
66 \\
- 4 \\
\hline
\end{array}
$$

⑩
$$
\begin{array}{r}
79 \\
- 3 \\
\hline
\end{array}
$$

15단계
실력 테스트

□ 안에 알맞은 수를 쓰세요.

❶
```
   28
 - 10
```
□

❷
```
   47
 - 20
```
□

❸
```
   39
 - 10
```
□

❹
```
   55
 - 20
```
□

❺
```
   72
 - 60
```
□

❻
```
   42
 - 11
```
□

❼
```
   38
 - 15
```
□

❽
```
   49
 - 28
```
□

❾
```
   58
 - 22
```
□

❿
```
   67
 - 54
```
□

실력 테스트

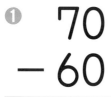 안에 알맞은 수를 쓰세요.

①
$$70$$
$$- 60$$

②
$$56$$
$$- 5$$

③
$$36$$
$$- 20$$

④
$$69$$
$$- 36$$

⑤
$$80$$
$$- 50$$

⑥
$$47$$
$$- 2$$

⑦
$$46$$
$$- 30$$

⑧
$$58$$
$$- 17$$

⑨
$$68$$
$$- 6$$

⑩
$$62$$
$$- 41$$

9단계 88쪽

실력 테스트

□ 안에 알맞은 수를 쓰세요.

5 +2 = 7	6 +3 = 9	2 +3 = 5	2 +2 = 4
4 +5 = 9	3 +5 = 8	7 +2 = 9	6 +1 = 7
5 +3 = 8	2 +4 = 6		

10단계 89쪽

실력 테스트

□ 안에 알맞은 수를 쓰세요.

5 −1 = 4	6 −5 = 1	7 −4 = 3	4 −2 = 2
5 −3 = 2	8 −5 = 3	9 −4 = 5	6 −4 = 2
7 −1 = 6	8 −4 = 4		

11단계 90쪽

실력 테스트

□ 안에 알맞은 수를 쓰세요.

20 + 2 = 22	50 + 6 = 56	10 + 3 = 13
40 + 1 = 41	60 + 5 = 65	24 + 2 = 26
42 + 5 = 47	55 + 3 = 58	62 + 2 = 64
78 + 1 = 79		

12단계 91쪽

실력 테스트

□ 안에 알맞은 수를 쓰세요.

20 +10 = 30	20 +20 = 40	30 +40 = 70
40 +20 = 60	50 +40 = 90	21 +14 = 35
25 +22 = 47	35 +43 = 78	52 +21 = 73
62 +33 = 95		

13단계 92쪽

실력 테스트

□ 안에 알맞은 수를 쓰세요.

30 + 5 = 35	20 + 2 = 22	40 +30 = 70
42 +15 = 57	40 + 8 = 48	45 + 4 = 49
40 +50 = 90	36 +23 = 59	38 + 1 = 39
47 +42 = 89		

14단계 93쪽

실력 테스트

□ 안에 알맞은 수를 쓰세요.

60 −20 = 40	50 −40 = 10	70 −10 = 60
80 −50 = 30	90 −80 = 10	35 − 3 = 32
58 − 6 = 52	29 − 8 = 21	66 − 4 = 62
79 − 3 = 76		

15단계 94쪽

실력 테스트

□ 안에 알맞은 수를 쓰세요.

28 −10 = 18	47 −20 = 27	39 −10 = 29
55 −20 = 35	72 −60 = 12	42 −11 = 31
38 −15 = 23	49 −28 = 21	58 −22 = 36
67 −54 = 13		

16단계 95쪽

실력 테스트

□ 안에 알맞은 수를 쓰세요.

70 −60 = 10	56 − 5 = 51	36 −20 = 16
69 −36 = 33	80 −50 = 30	47 − 2 = 45
46 −30 = 16	58 −17 = 41	68 − 6 = 62
62 −41 = 21		